慈抗杂3号

慈抗杂3号果枝结铃

吐絮

慈抗杂3号大田

省、市领导观摩慈杂1号单株结铃状

慈杂1号江山高产示范

慈杂1号

慈杂6号（右：单株结铃；左：果枝）

慈杂7号（左：单株结铃；右：吐絮）

慈杂8号（左：单株结铃；右：吐絮）

慈杂11号

吐絮

慈杂11号果枝结铃

慈杂12号结铃吐絮

慈杂系列抗虫棉营养钵育苗(1)

1.晒种

2.药剂拌种

3.整理苗床

4.制钵

5.苗床浇足水分

6.放籽播种

慈杂系列抗虫棉营养钵育苗(2)

7.播种后盖土

8.喷药除草

9.搭拱盖膜

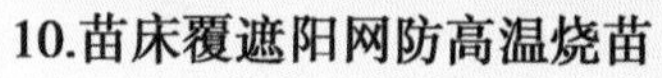

10.苗床覆遮阳网防高温烧苗

11.间苗

慈杂系列抗虫棉营养钵育苗(3)

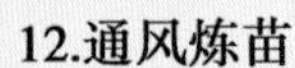

12.通风炼苗

13.徒长棉花搬钵

14.将营养钵苗移栽于大田

生长良好的棉田

慈杂系列抗虫棉穴盘育苗

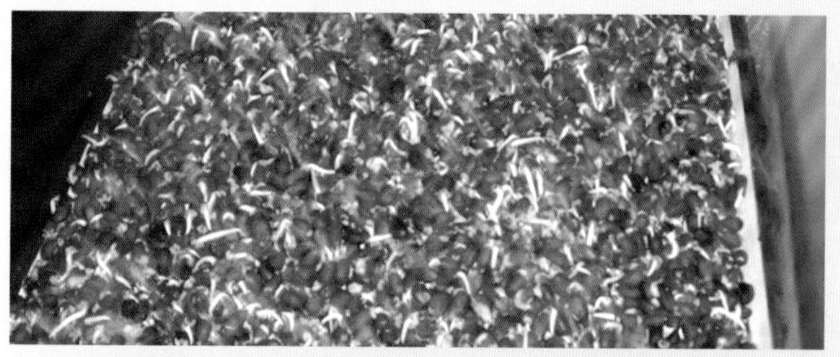

种子催芽

床土消毒

播种于穴盘内的棉籽出苗

新苗茁壮生长

慈杂系列抗虫棉套种模式

棉花套种大豆

棉花套种花生

蚕豆套种棉花

棉花套种玉米

棉花套种西瓜

慈杂系列抗虫棉

金珠群　主编

中国农业科学技术出版社

图书在版编目(CIP)数据

慈杂系列抗虫棉 / 金珠群主编. —北京：中国农业科学技术出版社，2015.11

ISBN 978－7－5116－2247－1

Ⅰ.①慈…　Ⅱ.①金…　Ⅲ.①抗虫性－棉花－栽培技术　Ⅳ.①S562

中国版本图书馆 CIP 数据核字(2015)第 206133 号

责任编辑　崔改泵
责任校对　贾海霞

出 版 者　中国农业科学技术出版社
北京市海淀区中关村南大街 12 号　邮编：100081
电　　话　(010)82109194(编辑室)　(010)82109702(发行部)
(010)82109709(读者服务部)
传　　真　(010)82106650
网　　址　http://www.castp.cn
经 销 者　各地新华书店
印 刷 者　北京华正印刷有限公司
开　　本　889mm×1 194mm　1/32
印　　张　7　**彩插**　8 面
字　　数　188 千字
版　　次　2015 年 11 月第 1 版　2015 年 11 月第 1 次印刷
定　　价　35.00 元

编 委 会

主　编　金珠群

副主编　吴华新　许林英　戚自荣

编著者　（按姓氏笔画排序）

王旭强　王双千　许林英　叶培根

陈江辉　张琳玲　吴华新　金珠群

周南镪　曹光弟　洪军孟　黄一青

骆寿山　姜海燕　戚自荣

前　　言

棉花原产于印度和阿拉伯亚热带地区,属锦葵科棉属,其种子纤维是重要的纺织工业原料。

我国棉花产量居世界首位,有新疆、黄河及长江流域三大产棉区。浙江省历史上曾为长江流域棉区的主产省,其境内的慈溪市是久负盛名的优质棉生产基地,棉花生产水平较高,棉花育种研究实力较强,在国内具有一定的影响力。但随着社会经济的发展,受农业产业结构的逐步调整,劳动力成本的大幅提高、植棉比较效益降低等多种因素影响,从20世纪80年代开始,浙江省及其境内的慈溪市,棉花生产均呈不断萎缩的趋势。

20世纪90年代后,我国科学家通过转基因技术将抗虫基因成功地转移到棉花中,培育出抗虫效果明显的棉花新品种,在提高产量、节工省本、减轻环境污染及提高植棉效益上发挥了积极的作用,但综观大多数抗虫棉品种,能兼顾抗虫、高产、优质特性于一体的品种较少。特别是品质方面不尽如人意。主要表现为:比强度(纤维的抗拉强度与纤维表观密度之比)偏弱,比值大多在30以下;纺纱均匀度指数不高,大多在140以下,可纺性差,造成棉纺业成本提高。同时,转基因抗虫棉的自行留种问题无法保证种子纯度,不利于保护植棉利益,也不利于保护种业利益,推进种子产业化困难重重。棉花品质低下,既不能满足市场对优质棉日益增长的需求,也不利于国内棉纺业的良性健康发展。

进入21世纪后,慈溪市农业科学研究所先后联合中国农科院生物技术中心、浙江大学、浙江勿忘农种业集团等单位以选育抗虫杂交棉花为主攻方向立项研究。在常规育种的基础上,积极引进抗虫棉花的种质资源,开展抗虫杂交棉新品种的培育,经过数年努力,至2015年,先后育成集优质高产抗虫于一体的杂交棉新品种慈抗杂3号、慈杂1号、慈杂6号、慈杂7号、慈杂11号、慈杂12号等6个,获得转基因安全评估证书7份,其中,慈抗杂3号通过了国家审定,并与长江流域的主栽品种进行了比较研究、研究分析了慈杂系列抗虫新品种生理特性、抗虫性,并进行了与品种特性相适应的密、肥、水相配套的高产技术研究,总结出一套优质、省本、省工的轻简化穴盘育苗技术规范和高产栽培技术措施。

项目实施期间,课题组组织了慈杂系列抗虫棉高产示范。2003年在浙江省江山市新群村进行的慈抗杂3号抗虫棉高产示范中,实测亩(15亩=1公顷。全书同)收皮棉206.1kg,创造了浙江省皮棉亩产新纪录;2004年,在江山市进行的慈抗杂3号560亩示范方中,平均亩收皮棉186.8kg,创造了大面积示范试种高产纪录;2008年在江山市进行的慈杂1号400亩连片示范畈中,平均亩收皮棉171.9kg,刷新了长江流域较大面积高产示范纪录。

项目实施期间,课题组还紧紧围绕当地本土特色,开展多作物套种模式的创建,并与省内、外种业企业的合作,在实现浙江省棉花品种自育化、转基因抗虫棉品种的产业化上取得了重大进展，显示了慈杂系列抗虫棉的巨大增产潜力，为浙江省育成的棉花品种向省外推广应用作出了贡献，取得了明显的经济效益。

根据项目技术总结、科学评估鉴定及进一步深化研究的需要，本着充分发挥慈杂系列抗虫棉花品种的增产潜力的愿望，我们利用工作之余，由金珠群为主编，编著了这部《慈杂系列抗虫棉》一书。全书共分八章，约 18 万字，它既是慈杂系列抗虫棉选育的学术著作，具有较强的学术性、科学性，同时也是一部科普读物。本书以自身研究实践为基础，阐述了转基因抗虫棉研究概况（第 1 章）、慈杂系列抗虫棉品种培育的理论与实践（第 2～5 章），详细介绍了抗虫棉的高产栽培技术及套种模式与制种技术（第 6～8 章），实用性强、易操作且内容通俗易懂。因此既可作为棉花品种选育的同行科技人员学术研究与育种时的工作参考，也可供从事棉花生产的专业大户作为棉花优质高产栽培的工具书或作为各级农技校培训教材之用。

本专著基础资料来源于“慈杂系列抗虫棉”选育课题的成果总结及其试验分析，是作者第一手的实践资料，由直接从事该项目研究人员编著而成，同时也参阅了有关专家、学者的专著与论文资料中的有关论述与资料。

“慈杂系列抗虫棉”选育项目实施多年，慈溪市农业局、慈溪市科技局、宁波市科技局、浙江省勿忘农种业集团以及科技部、农业部分别给予了科技攻关项目、国家星火项目、国家重大转基因专项的大力资助；浙江大学祝水金、邬飞波、陈进红等教授在项目实施过程中，从选题、研究到项目总结，全程给予了技术上的无私指导。项目还得到了浙江省农业厅种子站、农作局、江山市农业局特产站、海盐县种子公司及江西省种子局、江西省农作局、江西省棉花所的大力支持。在此，我们谨向支持慈杂系列抗虫棉项目完成的各级部门以及被参阅了相关资料的作者一并致以衷心的感谢。

由于时间仓促、水平限制，本书在编写中的谬误之处在所难免，敬请读者见谅，并期待多多提出宝贵意见。

编著者

2015 年 7 月 1 日

目　　录

第一章　概　　述

第一节　转基因抗虫棉的商业应用现状

棉花是全球性的重要经济作物，一生中遭遇棉蚜、棉红蜘蛛、棉铃虫、棉红铃虫等几百种害虫危害。据统计，全球因各种害虫造成的损失占全球产量的 15%～20%，害虫发生严重年份甚至高达 30%以上。因此，治理棉田害虫是提高棉花产量与品质的关键技术之一。

棉田害虫的治理有多种方法，有农业综合防治，有物理防治，有生物防治，但传统的治理手段一般多是采用化学农药的防治方法。采用化学农药防治棉田害虫有许多优点：见效快，在很短时间内可把大面积严重发生的病虫害控制住，对多数病虫害一般都可达到高的防效，且效果稳定，在病虫害暴发时，一般只有用化学防治才能起应急控制的作用。但单纯使用化学农药也有许多问题，不仅导致害虫抗药性快速增长、治虫成本剧增、植棉效益降低，而且严重危害棉农生命健康、污染环境、破坏生态平衡。

20 世纪 90 年代以来，随着气候和生态环境的变化，棉铃虫成了全球性危害棉花生产的主要害虫，仅一个棉铃虫就会给棉花生产带来巨大的威胁，棉农谈虫色变。因此，世界各国都十分重视新的害虫管理措施。利用基因工程手段培育抗虫棉品种是当今棉花害虫管理最有效的方法。首次培育出抗虫棉花的是美国，1990 年，美国利用生物技术合成苏云金芽孢杆菌（*Bacillus thuringiensis*，简称 Bt）杀虫基因，并导入棉花获得转基因抗虫棉，成为世界上第一个拥有转基因抗虫棉的国家，1996—1997 年度转基因在美国进入商用生产，开创了世界植棉史上种植生物工程棉花的先河，当年种植面积达72万hm^2，约占总植棉面积的14%，2000—2001年转基因棉种植面积达413万hm^2，占总植棉面积的72%。谢道昕等(1991)将Bt杀虫晶体蛋白基因导入棉花获得了转基因棉株，郭三堆等(1992)通过双链合成DNA的方法，人工合成了*CryIA*单价杀虫基因，使中国成为继美国之后第二个自主研制成功转基因抗虫棉国家，技术达到国际先进水平。随着基因研究工作的不断深入，中国农科院生物技术中心在基因研究方面取得了显著的进步，独立自主研制成功了*CryIA*+*CpTI*双价抗虫基因。1993年以来，在"863"计划等项目资助下，中国农业科学院生物技术中心与合作单位通过花粉管通道法、农杆菌法和基因枪法等基因转化途径将抗虫基因导入到41个常规棉花品种，其中转单价抗虫基因品种11个，双价基因品种30个，获得优良转基因抗虫棉种质源材料1 000多份，经选育获得单价抗虫棉品系44个，双价抗虫棉品系13个，杂交组合17个。截至2007年年底，共有162个国产转基因抗虫棉品种(组合)通过国家或省级审定，保证棉花生产用种安全，促进棉花产业健康发展发挥了积极作用。

目前，中国抗虫棉面积已占全国植棉总面积的80%左右，占全国抗虫棉面积的95%以上，以绝对优势占据了国内抗虫棉市场。

抗虫棉的研制成功，不仅使棉花自身产生抗害虫的物质，提高自身的防御机制，而且能减少化学农药的使用，减少环境污染和农药残留，减少劳动操作和降低植棉成本，从而提高棉农的植棉积极性，大大促进了棉花生产和有关纺织业等行业的发展。

第二节　转基因抗虫棉的概念及其抗虫特性

一、转基因抗虫棉的概念

转基因抗虫棉是指通过现代生物技术或通过现代生物技术与常规育种相结合，将外源抗虫基因导入棉花植株而培育出的具有抗虫性状的棉花品种。

世界各国尤其是主要植棉国家如美国、澳大利亚、中国等都十分重视将外源抗虫基因导入棉花，培育转基因抗虫棉。

外源抗虫基因很多，目前转化与抗虫效果较好的有Bt基因和豇豆胰蛋白酶抑制剂基因（简称*CpTI*基因）两种，因而转基因抗虫植株的培育大多选用这两类基因。人们已将这两类基因分别导入棉花植株，获得抗虫性极强并能稳定遗传的转化植株，并从中选育出多个新品种或新品系在生产上示范、推广或使用。

1. 外源Bt基因抗虫棉杀虫机理

外源Bt基因整合到棉株体中后，可以在棉株体合成一种叫δ-内毒素的伴孢晶体，该晶体是一种蛋白质晶体，被鳞翅目等敏感昆虫的幼虫吞食后，在其肠道碱性条件和酶的作用下，或单纯在碱性条件下，在昆虫中肠内会溶解为前毒素，经中肠蛋白酶水解，释放出活力片段。活力片段穿过围食膜，与中肠上皮细胞刷状缘膜的受体结合，进一步插入膜内，形成孔洞或离子通道。引起离子渗透，水随之进入中肠细胞，导致细胞膨胀破裂。另外，离子梯度的破坏，也扰乱了中肠内正常的跨膜电势及酸碱平衡，影响养分的吸收。使幼虫停止取食、麻痹，最后死亡。由于人体和多数动物的胃肠是酸性的，因此，这类蛋白对人体和多数动物无毒。

2. 豇豆胰蛋白酶抑制剂基因（简称*CpTI*基因）抗虫棉杀虫机理

豇豆胰蛋白酶抑制剂基因（*CpTI*）编码的是一种抗虫效果比较理想的蛋白酶抑制剂，主要存在于豇豆的成熟种子中。*CpTI*蛋白酶抑制剂在豇豆种子开始成熟时大量积累。成熟的*CpTI*是由80多个氨基酸组成的小分子多肽，分子中富含二硫键，属于丝氨酸蛋白酶抑制剂类Bowman-BirK型双头抑制剂，一个抑制剂分子具有两个抑制活性中心，可同时竞争性抑制两个胰蛋白酶分子。*CpTI*基因抗虫谱广，几乎对所有测试的主要农作物害虫都有抑制作用，包括大部分鳞翅目害虫和部分鞘翅目害虫。其杀虫机理是：昆虫消化道内的蛋白酶与 *CpTI* 蛋白酶抑制剂形成复合体后能显著降低昆虫体内胰蛋白酶的有效酶浓度，影响胰蛋白酶对食物中蛋白的正常消化和体内许多酶原的激活。同时，复合体还能刺激昆虫过量分泌消化酶，通过神经系统的反馈，使昆虫产生厌食反应。*CpTI* 蛋白酶抑制剂抑制了昆虫的进食与消化过程，不可避免地将导致昆虫正常的新陈代谢遭到破坏，最终造成发育不正常或者死亡。

食物中的蛋白酶抑制剂一般不会对人体造成不利影响，人类的消化系统远比昆虫复杂，不仅所含消化酶种类多，蛋白酶抑制剂在胃中多数被消化掉，而且食物在使用前的蒸煮会使蛋白酶抑制剂变性失活。

除利用上述主要抗虫基因外，人们研究较多并认为有希望的抗虫基因，还有慈菇蛋白酶抑制剂基因、马铃薯蛋白酶抑制剂－Ⅱ基因（FI－Ⅱ）、淀粉酶抑制剂基因、外源凝集素基因、棉铃虫病毒基因、苦楝素合成基因、几丁质酶基因等。

二、转基因抗虫棉的抗虫特性

1. 抗虫范围的局限性

抗虫棉不是无虫棉，转 Bt 基因抗虫棉的抗虫范围存在一定的局限性。大量的研究试验和生产实践证明，转 Bt 基因抗虫棉花对棉铃虫、红铃虫等鳞翅目害虫有较好的抗性，对其他害虫如蚜虫、红蜘蛛、棉盲蝽等害虫无抗性。而且在有效防治棉铃虫、红铃虫等鳞翅目主要害虫的同时，有可能促使棉田盲蝽象等次要害虫的上升。

2. 时空动态性

转基因抗虫棉对棉铃虫等鳞翅目害虫存在明显的时空动态性。具体表现为：

（1）不同龄期的幼虫有不同的抗性表现。转基因抗虫棉对棉铃虫低龄幼虫有较强的抗性，但随着棉铃虫龄期的增大，抗性明显下降。国内研究表明：1～3 龄棉铃虫幼虫取食任何器官最终均不能存活；4 龄棉铃虫有部分存活，存活率为 5%～12%；用棉蕾和花瓣饲养的5龄棉铃虫最终不能存活，用其他器官饲养的存活率为53.1%～76.7%；6龄棉铃虫幼虫的存活率为76.8%～87.0%。

(2)抗虫性随着棉花的生长而减弱。在棉花苗期和蕾期杀虫蛋白表达量较高，对二代棉铃虫的抗虫效果较好，花期呈下降趋势，尤以棉花铃期下降最为明显，对三、四代棉铃虫的抗虫效果明显降低。田间调查结果表明，第2代棉铃虫发生期，转Bt基因棉田百株幼虫数量分别为26头和10头，分别比常规对照棉田减少90.6%和73.7%，差异极显著。

(3)棉株的不同部位、不同器官的抗虫能力不同。抗虫棉营养器官的抗虫性优于生殖器官，一般规律为：叶＞铃、蕾＞花。转基因抗虫棉同一组织器官在不同的棉花生长阶段抗性不同，在棉花某一生长阶段不同的组织器官抗性有明显的差异。转Bt基因棉对棉造桥虫有明显的控制作用，崔金杰(1998)调查发现，转基因棉田和常规对照棉田百株平均幼虫的数量分别为2.2头和23.6头，前者较后者减少90.7%。

第三节 转基因抗虫棉的安全性

转基因抗虫棉是20世纪生物技术在农业领域应用取得的重大成果，在我国黄河、长江流域已得到广大棉农的普遍认可，创造了显著的经济、社会和生态效益。从20世纪80年代后期以来，不断有报道提出转基因作物可能存在风险性，争论的焦点大多为对环境和人类健康的威胁。转基因抗虫棉的开发利用一方面展示了良好的前景，另一方面也应该看到转基因抗虫棉可能存在的某些安全隐患。随着抗虫棉的大面积生产应用，是否会对人类健康和环境产生风险是公众共同关心的问题。

一、Bt基因对人类健康和环境的影响

(一)Bt基因对人类健康的影响

苏云金杆菌作为一种生物杀虫剂，在农业上已安全使用40多

年。它所产生的杀虫晶体蛋白存在于伴胞晶体中,当害虫取食后,由于害虫的中肠道细胞上有特异的Bt蛋白结合受体(receptor),且昆虫中肠道的pH值为碱性,杀虫晶体蛋白只有在碱性条件下才由不活化的蛋白前体转化为具有杀虫活性的成熟蛋白,因此可对某一类昆虫具有特异的杀虫活性。人等哺乳动物的肠道系统pH值为酸性,且无Bt蛋白受体,因此,这种杀虫蛋白已被证实对哺乳动物无害。在美国USDA的监控实践中,也并不要求对Bt蛋白作急性毒性、亚急性毒性等动物试验。

(二)Bt基因对环境的影响

1. 转基因抗虫棉对天敌的影响

转基因抗虫棉对寄生性天敌和捕食性天敌的影响是不相同的。

(1)对寄生性天敌,特别是棉铃虫幼虫优势寄生性天敌有严重影响。具体表现为寄生蜂的寄生率和蜂的羽化率明显下降,茧重和蜂重显著减轻,田间寄生性天敌种群数量大大减少。

崔金杰等试验研究证明,麦套转基因抗虫棉田棉铃虫幼虫寄生性天敌齿唇姬蜂和侧沟绿茧蜂的百株虫量分别较常规棉减少79.2%和88.9%,差异极显著。

(2)对棉铃虫的捕食性天敌影响不大。试验证明,各种捕食性天敌总量均较相应常规棉对照明显增加。麦套和单作转基因棉田百株平均捕食性天敌总量分别增加26.9%和7.8%,说明种植Bt转基因棉不仅能直接毒杀目标害虫,而且能有效地保护增殖捕食性天敌,间接提高天敌的捕食率。

2. 转基因抗虫棉对棉田昆虫群落的影响

田间试验表明:在转Bt基因棉田,当靶标害虫棉铃虫受到控制后,非靶标的次要害虫如棉蚜、棉蓟马、盲蝽、白灰虱、棉叶蟑、甜菜夜蛾等的发生比常规棉对照严重,有些次重要害虫已上升为最主要害虫,对棉花生长产生危害。

金珠群等的试验与观察证明:转Bt基因棉田的昆虫群落、害虫亚群落和天敌亚群落的多样性指数和均匀度指数均低于常规棉田。转 Bt 基因棉田害虫的优势集中性高于常规棉田，所以，转基因棉田昆虫群落、害虫和天敌亚群落的稳定性不如常规棉田，存在某些害虫大发生的几率。

凌芝、陈建军的试验证明，与常规棉相比，害虫优势种变化较大，棉铃虫不再为优势种，而棉叶螨、棉蚜、盲蝽等则为优势种。转 Bt 基因棉田昆虫群落的种类丰富度（113 种）和害虫相对丰盛度（69.8%）低于常规棉（125 种和 73.8%）。捕食性天敌优势种变化较小，均为龟纹瓢虫、七星瓢虫等，寄生性天敌优势种变化大。昆虫群落的多样性指数（2.8028）和均匀度指数（0.5865）均高于常规棉（2.7630 和 0.5845）。而天敌昆虫群落的多样性指数（2.049）和均匀度指数（5.5805）均高于常规棉（2.625 和 0.6388），说明 Bt 基因棉田昆虫群落稳定性较好，天敌昆虫群落稳定性较差。

3. 抗虫棉的抗性表现

（1）目标害虫对杀虫蛋白的抗性。大面积种植 Bt 基因抗虫棉最大潜在威胁是目标害虫对杀虫蛋白会产生抗性，鳞翅目昆虫更为突出。崔学芬等用含 Bt 毒蛋白的人工饲料对室内棉铃虫 21 代中 16 代次的筛选，筛选后 F_{19} 代 LC_{50} 比筛选前 F_2 代高 14.7 倍。中国农科院植保所用含毒蛋白的饲料处理印度谷螟，连续两代饲养后，忍耐性增加了 30 倍，经过 15 代后的忍耐性增加了 100 倍，并最终发展为抗性；英国学者应用计算机模型模拟实验，认为转 Bt 基因抗虫棉使用寿命仅为 8～10 年。各国对转基因棉花的抗性问题均十分重视，美国和澳大利亚政府十分重视转基因棉花的抗性问题，委托专门的研究机构和种子经营部门对转基因棉花进行长期的跟踪监测，采取了如同“庇护所”对策，以治理或减缓棉铃虫对转基因棉花的抗性产生。

（2）Bt 杀虫剂的抗性。目前已获得的尤其是生产上推广应用的转基因抗虫棉大多为转 Bt 基因，且均为单一基因。自人们广泛应用化学杀虫剂以来，昆虫对含氯、含烃、含有机磷的化学杀虫剂、氨基甲酸酯以及菊酯类的杀虫剂都产生了抗性。与化学杀虫剂相比,虽然昆虫对 Bt 杀虫剂产生的抗性发展较缓,但早在 1985 年 Mc Ganghey 就证明了印度谷螟(*Plocliainterpune tella*)在繁殖 15 代后,对 Bt 杀虫剂的抗性增加 90～100 倍,对纯 Bt 杀虫剂 HD－1产生了 6 倍抗性。同样,靶标害虫在生长过程中长期受 Bt 杀虫蛋白的选择,会产生相应的抗性,给转 Bt 基因抗虫棉的种植带来一定风险。中国农科院植保所用 Bt 抗虫棉棉叶片逐代汰选初孵幼虫,汰选 6、11 和 17 代后对单一 Bt 杀虫蛋白 Cry1Ac 的抗性指数分别为 1.5 倍、4.0 倍和 7.1 倍,汰选 22 和 26 代后分别增至 10.2 和 20.5 倍。

崔学芬、夏敬源等于 1996—1998 年,对不同地区棉铃虫种群进行抗毒性监测,结果发现,两年内棉铃虫对 Bt 毒素的耐性提高 3.5～9.9 倍;芮昌辉等于 1996—1999 年系统监测了华北地区棉铃虫对 Bt 制剂的敏感性,结果表明,与室内种群相比,田间种群对 Bt 制剂的抗性指数 1996 年为 1.2～4.2 倍,1997 年 1.1～1.7 倍,1998 年为 1.7～2.8 倍,1999 年为 0.8～2.4 倍。吴孔明等测定了全国 5 个生态区 23 个棉铃虫种群对 Cry1Ac 的敏感性差异,最大相差 5.2 倍。

4. 基因漂流

基因漂流是指 Bt 等基因通过花粉传至非转基因作物或相关杂草从而可能引起的生态问题。转基因植物可能通过与野生植物异种或常规种质资源交配而使其目标基因发生漂移,如抗除草剂基因从转基因作物流向杂草可使杂草产生抗性,从而形成新的更难以防除的"抗性杂草"。张宝红等研究了外源 Bt 基因和 *tfdA* 基因向周围环境遗传漂流的频率和距离,结果表明,导入到棉株体内的外源基因均可向周围环境漂流,其最高漂流频率为 10.48%,最远漂移距离可达 50m;Broun 等研究表明,转基因在澳大利亚野生棉和澳洲野生棉中都存在漂流;刘谦等研究认为转 Bt 基因抗虫棉存在花粉漂移风险,虽然花粉自身的传播距离十分有限(花粉在

7m 处的杂交频率小于 1%)。若借助昆虫和风力可使传播距离明显提高。

张宝红等选用从国外引进的和我国自育的转 Bt 基因抗虫棉，研究了外源 Bt 基因向周围环境遗传漂流的频率和距离。结果表明，无论是国外引进的，还是我国自育的转 Bt 基因抗虫棉，导入到棉株体内的外源基因均可向周围环境漂流，其最高漂流频率为 10.48%，最远漂流距离可达 50m。

由于我国不是棉花的起源地，自然界不存在相关野生棉，在农业生态条件下也不存在可与棉花杂交的相关杂草，因此 Bt 基因的漂流一般可不必严重关注。但为了安全起见，防止外源基因向周围环境扩散，可设置一定的隔离带，隔离带距离以 50～100m 为宜。

二、抗虫棉花产品的食物源风险

我国不但是棉花生产的大国，而且是棉花的各种副产品的消费大国。棉籽蛋白、棉饼是重要的蛋白质来源和精饲料，因此，人们不能不考虑转基因抗虫棉对人和动物健康可能产生的潜在影响。

北京大学对转 Bt 基因抗虫棉进行了棉籽产品的诱变活性研究。实验结果表明，Bt 棉及普通棉的棉籽粉及棉籽油对小鼠的体细胞和性细胞均没有诱变活性，且没有剂量效应，对小鼠的食欲、肝、脾、肾等亦无影响；对斑马鱼外周血红细胞的微核率亦无影响，受试鱼的解剖和组织病理学检查均未发现异常。因此，用 Bt 棉的棉籽粉、棉籽油作饲料、食品或食品成分，对哺乳动物及鱼类是安全的。

陈松等分析了转基因抗虫棉与常规棉营养品质。结果发现，转 Bt 基因抗虫棉棉籽仁含粗蛋白和粗脂肪、不饱和脂肪酸、必需氨基酸与对照品种常规棉差异不显著。用含 5%～10%抗虫棉籽的饲料喂养小白鼠 28d，与对照组相比，小白鼠增加了体重，饲料消耗量、死亡率、行为、器官、毛重、体细胞的活性、精子细胞的形态等方面的影响均不明显，未发现组织和细胞变形、增生和坏死等病理变化。用含10%棉籽的饲料喂养鹌鹑8d，鲶鱼10周，在增重、饲料消耗、饲料转化率、死亡率、行为等亦无明显影响；在棉籽和棉籽油为饲料饲喂小白鼠30d，没有发现精子细胞畸形现象。对喂养了28d的大鼠肝脏、肾、胃、肠、睾丸等的组织切片镜检，未发现组织和细胞变形、增生和坏死等病理变化。杨晓东等用Bt棉籽油对小鼠和斑马鱼的试验结果表明，其生理解剖和组织病理学检查也均未发现异常。

总之，多点检测结果表明，使用抗虫棉产品为食物源是安全的，但长期食用是否有慢性毒性或对后代是否有影响还有待于进一步研究。

第四节　转基因抗虫棉的效益及其安全发展对策

一、转基因抗虫棉的效益

1. 经济效益明显

种植Bt基因棉由于基本不需用药防治棉铃虫，可减少栽种期间农药使用次数10次以上，可节省大量农药而且减少了用工。据调查统计，国产抗虫棉每公顷可增加净效益1 800元以上，且产量较高，纤维品质符合优质棉标准，可大幅度提高棉农收益。美国农业部从1996年至1998年对主产棉区的Bt棉农户进行了抽样调查，对300多农户的样本分析表明：种植Bt棉只是纬度靠北的棉区提高了纯收益。在南部棉区，种植Bt棉减少农药用量和小幅度增产所产生的效益基本上被所增加的Bt棉种子费用和技术转让费用所抵销。种植Bt棉与常规棉相比，所增加的纯收益高低与害虫发生程度密切相关，在害虫发生严重年份，棉区增收效应明显。从慈溪市抗虫棉推广情况来看也是如此。种植转基因抗虫杂交棉不仅具有较高的抗虫性，而且具有较高的抗病性，因此，其增产幅度比亲本更高，与种植常规抗虫棉相比，增产可达10%～20%（F_1

增产 20%，F_2 增产 10%）；纤维品质也优于亲本，符合优质棉标准，优质优价，棉农收益好。

2. 社会效益和生态效益俱佳

转基因抗虫棉和抗虫杂交棉的产业化不仅具有巨大的经济效益，而且由于降低了农药使用量，减少人、畜中毒甚至死亡事故，能有助于减少污染，有效保护生态环境，社会效益和生态效益俱佳。

二、转基因抗虫棉的安全发展对策

1. 筛选新的抗虫基因，培育新的转基因抗虫杂交棉

研究表明，单价基因抗虫棉产生抗性个体的几率为 10^{-6}，而双价基因抗虫棉则为 10^{-12}。目前，所研制成功的抗虫基因除 Bt、*CpTI* 基因外，还有淀粉酶抑制剂基因、外源凝集素基因、几丁质酶基因、蝎毒素基因、脂肪氧化酶基因等。随着现代生物技术的发展，新基因将会不断被研究，将两种或两种以上的基因同时导入棉株，无疑会提高棉花的抗虫能力和抗虫范围，延缓害虫对其产生抗性；同时，需要寻找和筛选广谱抗虫基因，因为为害棉花的害虫种类很多，除棉铃虫外，还有棉蚜、红蜘蛛等。转入某一单抗基因如 Bt 基因只对鳞翅目昆虫有效，为了不造成损失，棉田还需用药防治其他害虫。而且单一抗虫基因害虫易产生抗性。目前，认为抗虫谱较广的是 *CpTI* 基因，但其表达量不够，尚需进一步积极寻找筛选新的广谱性的抗虫基因。

2. 加强复合抗性品种的培育

实现高产优质高效是发展棉花生产的根本目的。棉花在生长发育过程中除遭受虫害外，病、草、旱、盐、寒害等也同样影响棉花的产量和品质。因此，在转基因抗虫棉的培育过程中要有目的地将抗病、抗除草剂、抗旱、耐盐基因共同导入棉株体内，使棉花获得对各种逆境产生抗性的能力，才能实现棉花的高产优质高效生产。

3. 加强现代基因工程与传统抗虫育种的结合

害虫防治必须强调多因子的协调综合作用。在利用基因工程改良棉花抗虫性的同时，加强外源抗虫蛋白与内源抗虫物质的协

调。将数量不足以产生杀虫效果的胰蛋白酶抑制剂与Bt蛋白同时使用,可以加强Bt杀虫蛋白对害虫毒性。王琛柱等研究表明,苏云金杆菌δ-内毒素和大豆胰蛋白酶抑制素,分别与棉酚和单宁对棉铃虫的协同作用有增效作用,因此,内毒素基因和蛋白酶抑制素基因转入较高棉酚和单宁含量的棉花植株,至今已获得了50多个双价抗虫棉花品种。

4. 采用特异启动子和诱导表达启动子

目前用于棉花等作物转化的启动子均为CaMV35S,该启动子在棉花的不同生长时期和不同部位均能表达,降低了棉株体内的杀虫蛋白的浓度,影响到杀虫效果。如果改用特异性启动子,控制抗虫基因只能在害虫为害的特定部位表达,无疑会提高效果。诱导启动子的特点是棉株受到害虫侵袭时,才会高效表达,在害虫为害部位,迅速合成杀虫蛋白以此杀死害虫;棉花体内外源抗虫基因表达除与启动子关系密切外,还与其在细胞内外的理化因素有关,因此,还必须进一步探讨影响基因表达的理化因素,创造条件使其高效表达,增加杀虫物质在细胞内的积累量。

5. 加强转基因抗虫棉栽培管理

(1)要因地制宜发展转基因抗虫棉。根据不同棉区自然条件、棉铃虫发生规律以及转基因抗虫棉的特点,黄河流域棉区可积极推广转基因抗虫棉,并以推广常规转基因抗虫棉为主,兼顾杂交转基因抗虫棉品种;长江流域棉区可选择优质、高产、中后期抗性较强的转基因抗虫棉品种按一定比例种植,以杂交、双价转基因抗虫棉品种为主,兼顾常规转基因抗虫棉品种;而新疆棉区暂不种植。

(2)加强转基因抗虫棉的规范种植。为预防和延缓棉铃虫对抗虫基因产生抗性,一般采用在转基因抗虫棉种植区设置非转基因棉的所谓"庇护所(Refuge)"政策。

(3)严格禁止在同一种植区内种植同一抗虫基因的不同作物。如转Bt基因的棉花和转Bt基因的玉米。

此外，可采取将转不同 Bt 亚种的抗虫棉相邻种植，并定期进行品种轮换的栽培方式。

(4)实施良种良法。转基因抗虫棉有特殊的生长要求，与此同时，抗虫棉的推广种植使得棉田的生态系统发生了变化。因此，生产上必须做到良种配良法，注重抗虫棉的抗性监测与治理，实现转基因抗虫棉的高产优质高效栽培。

6. 加强转基因棉田害虫的综合治理

针对转基因抗虫棉抗虫的时空性，加强田间虫情监测，采取综合防治措施，不但能优化棉田的群落结构，增加主要天敌的数量，降低次要害虫上升的风险，从而可有效延缓棉铃虫等对 Bt 毒素和化学杀虫剂的抗性形成；根据各种害虫发生所需的气候特征制订相应防治对策，充分协调传统的防治手段与转基因抗虫棉的抗虫效力，并充分发挥各自作用，充分认识抗虫棉在害虫综合治理中的作用和地位；根据抗虫棉田昆虫群落结构的动态变化采取相应的防治措施。

7. 加强转基因抗虫棉的品种和种子管理

(1)品种管理。由于在基因安全性方面的严格限制和繁琐程序，使国内众多优质高产转基因抗虫棉品种以非转基因品种名义参加区试并通过了品种审定，并且开始大面积推广。这种情况不但不利于我国转基因抗虫棉的正常研发，而且更不利于基因的安全性管理，有可能造成严重后果。1996 年后，国家对植物基因进入田间已出台了一系列相应规定，农业部 2002 年初发布的《农业转基因生物安全评价管理办法》规定，利用基因工程技术改变基因组构成，用于农业生产或者农产品加工的植物及其产品均需进行安全性评价。因此，通过转基因技术选育的抗虫棉品种和用已获得安全证书的抗虫棉品种为亲本通过常规育种手段选育的抗虫棉品种，均需获得安全证书并审定后才能应用于大田生产。农业部于 2002 年 7 月 8 日下发了《关于稳定发展转基因抗虫棉的意见》，再次强调了发展转基因抗虫棉要遵循“积极、稳妥、科学、合法”的原则。

(2)种子管理。根据转基因抗虫棉的发展情况,应建立转基因抗虫棉原原种、原种田和良种繁殖区,加强基础设施建设,加快品种提纯复壮,防止混杂,减缓种性及抗虫性退化,保持品种的杀虫活性和纯度。积极培育和扶持优势企业进入转基因抗虫棉产业,整合科研和推广力量,主推优势品种,推进转基因抗虫棉棉种产业。

第二章　慈杂系列抗虫棉品种培育理论与实践

第一节　棉花杂种优势利用

一、杂种优势的概念

杂种优势(heterosis)是指两个具有不同性状的亲本杂交而产生的杂种,在生活力、生长势、繁殖力、适应性以及产量、品质、对不良环境因素的抗性等性状方面超过其双亲的现象。

早在2000年前中国人就用母马和公驴交配而获得体力强大的杂种——役骡,为人类历史上开辟了观察和利用杂种优势的先例。农作物杂种优势的利用是18世纪中期首先在烟草中发现的,德国学者科尔鲁特以早熟的普通烟草(*Nicotiana tabacum*)和较晚熟的品质优良的烟草(*N. glutinosa*)杂交获得了品质优良和早熟的杂种第一代。孟德尔(1865)和达尔文(1877)也先后观察到豌豆、玉米的杂种优势,并都提出了有关杂交有益性的规律,为杂种优势的利用提供了理论基础。1914年肖勒提出杂种优势(heterosis)的概念,对推动杂种优势的研究起了重要作用。其后许多学者对玉米进行了大量研究,并通过杂交,使玉米成为生产上大规模利用杂种优势的第一个代表性作物并取得了明显的成效。目前杂种优势利用已扩大到许多作物,并成为当今获得农作物大面积增产的重要遗传手段之一。

二、杂种优势表现的特点

杂种优势是生物界普遍现象,凡是能够进行有性繁殖的生物,从真菌类直到高等动植物，无论是远缘杂交或近缘杂交，无论是异花授粉作物还是自花授粉作物，都可见到这种现象。

杂种优势的表现有如下特点。

1. 复杂性

作物种类、杂交的组合和杂交方式不同，杂种优势表现具有复杂多样性。从组合看，自交系间杂交组合的杂种优势经常强于自由授粉品种间杂交组合的杂种优势，不同自交系组合间的杂种优势也有很大差异。从性状看，在综合性状上杂种优势往往较强，单一性状上杂种优势表现相对较低。品质性状，杂种优势表现更为复杂。

杂种优势的表现和亲本之间性状上差异以及亲本性状纯度有密切关系。凡是双亲的亲缘关系、生态类型、地理距离和性状上差异比较大的，或者某些性状可以互补的，它们的杂种优势表现往往比较强，与此相反，杂种优势表现较弱。

在双亲的亲缘关系和性状有一定差异的前提下，双亲基因型的纯度愈高，F_1 的杂种优势也愈明显。纯度高的亲本，产生的配子都是同质的，杂交所得的 F_1 是高度一致的杂合基因型，每一个体都能表现较强的杂种优势，而整个群体又是整齐一致的。双亲品种的纯度不高，基因型是杂合的，杂交所得的 F_1 群体，必然产生分离，产生多种基因型的配子，F_1 是多种杂合基因型的混合群体，杂种优势和植株整齐度都会降低。

2. F_2 代及以后世代杂种优势的衰退

F_1 群体所以能表现强杂种优势，是基于 F_1 群体基因型的高度杂合性和表现型的整齐一致性。F_2 由于基因分离，群体中会出现多种基因型个体，既有杂合型个体，也有纯合基因型个体，个体间性状会发生分离。一对等位基因中，F_1 全部个体都是 Aa，表现强杂种优势而且性状整齐一致；F_2 群体中，纯合和杂合基因型各占一半，且只有杂合基因型个体表现杂种优势，纯合基因型个体的性状趋向双亲，不表现杂种优势，杂种优势和性状整齐度在 F_2 群体中比 F_1 群体明显下降，因此，生产上一般只利用 F_1 的杂种优势，F_2 不宜继续利用。

三、杂种优势的度量

通常用下列方法测量杂种优势的强弱。

中亲优势(midparent heterosis)杂交种(F_1)的产量或某一数量性状的平均值与双亲相应性状平均值差数的比率。计算公式：

$$中亲优势(\%)=\frac{F_1-\frac{(P_1+P_2)}{2}}{\frac{(P_1+P_2)}{2}}\times 100$$

式中，F_1——杂交一代；P_1——亲本1；P_2——亲本2。

超亲优势(over parent heterosis)杂交种(F_1)的产量或某一数量性状的平均值与高值亲本(HP)相应性状平均值差数的比率，计算公式：

$$超亲优势(\%)=\frac{F_1-HP}{HP}\times 100$$

式中，F_1——杂交一代；HP——高植亲本。

超标优势(over standard heterosis)杂交种的产量或某一数量性状的平均值与当地推广品种(CK)相应性状平均值差数的比率，也称之为竞争优势或者对照优势，计算公式：

$$超标优势(\%)=\frac{F_1-CK}{CK}\times 100$$

式中，F_1——杂交一代；CK——对照。

上述3种度量杂种优势的方法中，从生产角度看：具有一定超标优势的，在生产上才有利用价值。

四、棉花杂种优势利用现状

(一)棉花杂种优势利用的概况

棉花是世界上最重要的经济作物，利用棉花杂种优势，是提高棉花产量、改进品质、增强抗逆性、降低生产成本以及促进棉田耕作制度革新、简化棉花栽培技术的重要措施。世界各主要产棉国都十分重视棉花杂种优势的研究与应用，目前在世界主要产棉国中,印度和中国是大面积栽种杂种棉的国家。21世纪棉花产量的重大突破有赖于棉花杂交种的充分利用。

1. 美国

美国是最早大规模开展棉花杂种优势研究和利用的国家。Meyer(1969),Danis(1978),Meredith(1984)综述了美国各个时期进行棉花杂种优势利用的概况,尤以20世纪50年代Eaton(1957)发现杀配子剂,70年代Meyer(1974)培育出哈克尼西棉(G. harknessii)胞质雄性不育系这两段时间的研究达到高峰。组合涉及陆陆杂种,陆海杂种,F_2代利用及三交组合等。一代竞争优势为19%~21.4%,二代竞争优势为8%~10.7%。近年来又肯定了抗棉铃虫新品系与陆地棉品种间杂种二代的增产潜力。陆海杂种已选育出一个高优势组合NX-1,产量超最好的陆地棉7%,纤维品质略次于海岛棉亲本,但仍面临晚熟与棉结和杂质较多的问题。棉花品种间杂种优势的利用目前还没有在美国得到有效利用。

2. 印度

印度对高产优质杂种棉的探索研究始于20世纪40年代末,70年代印度Gujarat农业大学的Patel博士与Surat试验站的同事最早培育了著名的杂种4号,它是一个优良的Gujarat品种G-67和一个来自美国的外来品种无蜜腺棉杂交而成,这个杂种的优点是有很强的结铃力,还具有纺50支纱的良好纺纱价值,这是印度也是全世界杂交棉花时代的先驱。继杂交棉4号培育不久,另一个同样出色的杂交棉Varalaxmi在Karnataka邦发放,它是一个种间杂种,其亲本是适应性广的陆地棉品种Laxmis和原苏联材料培育而来的海岛棉类型品系SB289-E,它与“杂交棉4号”一样丰产,且品质较好,能纺70~80支纱。印度大规模地以杂交棉取代常规棉花品种是20世纪70年代棉花产量显著提高、品质显著改进的主要原因之一。目前,杂交种的种植面积为总面积的40%,产量为全印度棉花总产量的50%。育成的陆海种间杂交棉瓦尔拉克什米(Varalaxmi),比当地推广品种增产50%,在杂交棉的种植总面积中约占15%。80年代育成亚洲棉与草棉种间杂种棉G. Got. DH-7，特别适于干旱棉区种植，明显提高了产量和品质。1990年推广高产、优质种间杂种棉HB等，由于纤维品质好、产量高，且受害虫的为害轻，可减少杀虫剂的使用。印度采用人工去雄法生产杂交棉种子，每个劳力一天做200～300朵花，每公顷用50个劳力，折合每个工日生产杂交种子0.33kg。

3. 中国

中国在20世纪30年代已有关于棉花杂种优势的研究。50年代后期研究了陆地棉与海岛棉杂种优势的利用问题，配制的一些杂交组合曾与江苏、浙江等省地试种，华兴鼐(1963)报道，采用59个海陆杂交组合，F_1代在江苏常熟等地试种，F_1代生育特性一般介于双亲之间，不同程度地偏向海岛棉亲本，也有超双亲的，F_1代产量一般接近或稍低于陆地棉亲本，而明显高于海岛棉亲本。高产组合(彭泽一号×长绒4923)F_1代，三年平均亩产皮棉53.75kg，相当于陆地棉产量的82.2%，相当于海岛棉产量的172.7%；F_1代纤维品质(长度、细度和强度)远超过陆地棉，并有不同程度地超过海岛棉。1974年浙江农业大学用7个陆地棉亲本和7个海岛棉品种，配制了14个陆地棉、海岛棉杂交组合，其F_1代的籽棉产量平均为陆地棉亲本的121.9%，为海岛棉亲本的225.9%，陆海杂种籽指平均14.4g、衣分平均30.7%，14个组合的杂种一代皮棉产量没有超过推广品种岱字棉15原种，F_1代的平均皮棉产量为岱字棉15的80%，但陆海杂种一代具有一定的早熟优势，纤维强度高于陆地棉亲本，远不及海岛棉亲本。海陆杂种总的由于杂种纤维整齐度较低、纤维强度低于海岛棉、不孕籽率高等原因未能在生产上大面积应用。陆地棉品种间杂种优势利用的研究在中国始于20世纪50年代，70年代开始对陆地棉品种间杂种优势进行了广泛研究，结果表明，F_1一般比生产上应用的品种可增产15%左右，如果组合选配得当，还有增产潜力。1980年四川省南充地区10万亩杂交棉，在遭受严重涝灾的情况下，平均亩产皮棉51.5kg，比全地区平均亩产高近一倍。1984年四川省利用核不育基因控制的洞A雄性不育系制种，其杂交种年种植面积达到40万～50万亩，获得了较显著的增产效果和经济效益。南京农业大学棉花遗传育种研究室从1984年起广泛开展了以芽黄、无腺体等指示性状为手段的棉花杂种优势利用的研究。80年代以来，中国农科院棉花所选育出中棉所28组合，开创了F_2代杂交棉大规模利用的实例。近几年来，苏杂16，湘杂1、2、3号，皖杂40等人工制种组合的推广，使杂交种的面积很快上升（全国棉田面积连续缩减）。从国内主要农作物杂交种的面积看，棉花仅次于玉米、水稻和油菜，列居第四。从全国各主产棉省看，湖南、安徽、山东等省的杂交棉发展最快，杂交棉分别占植棉面积的74%、24%及15%。而且杂交棉分布科技水平较高地区多于科技水平较低地区。从杂交棉的类型看，既有常规高产杂交棉（如湘杂1号、湘杂2号、皖杂40、中杂28等），也有转Bt基因的抗虫杂交棉（如中棉所29、南抗3号、冀杂66等）。

（二）棉花杂种优势的产量表现

1. 产量性状

产量的优势效应在品种间及种间表现不同，在陆地棉品种间杂交中，铃数和铃重优势对产量起重要作用，利用F_2的产量优势约为F_1的一半。Ayers（1938）首先报道陆地棉品种间杂种表现在产量上有明显的杂种优势。Kime和Tilley（1947）通过珂字棉、斯字棉、岱字棉11A的4个选系，配制了6个F_1、F_2杂种，进行连续3年的产量比较试验，发现有些杂种组合产量有明显的杂种优势。国外一些学者相续报导棉花优良组合产量优势均在15%～17%水平，而Davis（1978）报导印度的其中一个F_1杂种产量高于生产上应用的品种（对照）138%，这是所有报导棉花品种间杂种优势增产幅度最高的一例。中国20世纪70年代以来对陆地棉品种间杂种优势进行了广泛研究，张凤鑫等（1987）根据31个陆地棉组合统计，籽棉、皮棉产量、单位面积铃数、铃重都具有明显的中亲和高亲优势，对产量优势的贡献主要来自铃数和铃重的增加，F_1 一般比对照增产 25%。朱乾浩等(1995)研究表明，陆地棉品种间 F_1 和 F_2 皮棉产量的竞争优势分别在 15%和 10%左右，产量构成因素中以单株结铃数的优势最大。纪家华等(1996)试验表明，F_1 皮棉总产的竞争优势最大，其余为衣分、衣指、单株铃数。

2. 生长发育及品质性状

棉花杂种优势常表现在生物量的优势上，尤其促进杂种的早期发育，杂种后代的叶面积增加，且与植株干重的增长成正比。陆地棉品种间杂种有明显的苗期优势，种间杂种的苗期优势大于品种间杂种。早期营养生长优势为正效应，可使有效生长期缩短，从而相应地提高了植株皮棉日增重的效率(生产率指数)；在温度条件较差地区，苗期优势起重要作用，因苗期过后就很快转入生殖生长阶段。早期叶面积增大，有利于多截获光能，在植株出现明显的竞争前可产生更多的光合产物，从而促进生长，使生长潜力得到最大限度的发挥。Wells 和 Meredith(1986，1988)试验指出，陆地棉品种间杂种总生物量大，这种优势来自于早期的快速生长。

在生育特性与早熟性上，杂种一代一般表现早现蕾、早开花、早吐絮，对控制旺盛的营养生长有重要作用。陆海种间杂种的种子和幼苗活力强，发芽快，出苗早，生长速率高，早期营养生长优势十分突出。杜春培(1947)以陆地棉鸿系 265 与斯字棉 2B 杂交，F_1 多数性状有明显的优势，生育期偏向于早熟亲本。黄滋康(1961)试验陆海杂种长绒棉，杂种一代的出苗、现蕾和开花期与陆地棉相似，吐絮期介于双亲之间，且现蕾结铃多；以中早熟、丰产陆地棉为母本，早熟、优质海岛棉为父本，选配的(中棉所 2 号×长 4923)组合经育苗移栽，产量接近陆地岱字棉 15，显著超过海岛棉亲本，纤维长度表现超亲优势，细度倾向于海岛棉亲本，单强呈中亲值。华兴鼐等(1963)报导海陆杂种一代一般介于两亲本之间，而偏向于海岛棉。但出苗期早于双亲，青铃生长日数迟于双亲，株高、单株果枝数、叶面积、结铃数、不孕子百分数、子指等均超过双亲；突出表现是生长势旺，成熟偏晚。

陆地棉品种间杂种的纤维性状比较稳定，一般与中亲值相近。除纤维长度外，强度与细度的优势较小，F_2 的纤维品质大部分仍保持较高的优势。陆海杂种的纤维强度比中亲值略有优势，多数杂种能比现有中长绒陆地棉品种产生更强的纤维。

3. 生理性状

陆地棉品种间和陆海杂种大多数表现出较强的生理上的杂种优势。余彦波等（1982）以科遗 2 号和黑山棉为亲本的 F_1 在达到光饱和点时的光合强度（CO_2）为 25mg/（dm·h），比科遗 2 号高 10mg/（dm·h），比黑山棉高 4mg/（dm·h）。李大跃（1992）报导，川杂 4 号与亲本比，养分净积累量在各生育期均较高，尤其是养分吸收强度优势在初花至盛铃期间更大，养分向生殖器官分配较早，再分配能力较强。郭海军（1994）研究冀杂 29 组合 F_1 与 F_2 的净光合速率、蒸腾速率具有超亲优势，气孔导度 F_1 为中亲正优势。说明在生殖生长活跃期的光合效率高，从而铃重明显增加。又冀杂 29 的超氧化物歧化酶（SOD）活性为超亲优势，过氧化物酶（POD）活性为中亲正优势，丙二醛（MDA）含量为中亲负优势。SOD、POD 与植物的抗盐、抗低温、抗旱、抗病密切相关，而 MDA 是膜脂过氧化的最终产物，它与蛋白质结合引起蛋白质分子内与分子间交联，生物膜结合蛋白和酶的聚合和交联，使它们的结构和催化功能发生变化，从而损伤生物膜。刘飞虎等（1999）报导，湘杂棉 1 号、2 号与对照泗棉 3 号相比，皮棉产量竞争优势为 17.7％和 22.7％，增产的直接原因是衣分和铃重分别提高 12％～17.1％和 7.5％～19.7％；由于株高及叶片增加速度快，总果节数多，叶片数和单叶面积增加，使总叶面积比对照增加 34.1％和 24.3％，从而表现出 36.1％和 23.6％的干物质积累强度优势，这是杂交棉增产的物质基础。杂交棉的电导率较低，表明杂交棉抗逆性比常规棉强。

五、棉花杂种优势利用的发展前景

理想的棉花品种，既要表现高产、优质，又要表现抗逆，然而它们在遗传上存在高度负相关，利用常规育种方法将这些性状很难结合在一起，利用杂种优势较易将高产、优质、抗病虫几者结合起来，而且组合选配周期短，能较快满足棉花产量提高和纺织工业工艺改进对棉纤维的需要。

杂交优势利用，前景广阔。发展杂交优势利用是高产的需要、是改善纤维品质的需要、是抗逆育种的需要、是发展种子产业化的需要。

一是发展高产的需要。利用杂交优势可以加速提高棉花产量。自 20 世纪 90 年代以来，美国及世界的棉花平均产量没有明显提高，一直处于徘徊状态，常规育种技术已严重制约了产量进一步提高，育种方面对产量的贡献已大大降低，中国也是如此，常规品种的增产幅度很低。

二是改善纤维品质的需要。杂交优势可以使棉花纤维品质更好地符合纺纱厂及市场需求。世界纺织工业在近 30 年中，先后进行了纺织机具的重大革新，纺织机具的革新对棉花内在品质育种提出了更高要求。促使育种家注重纺纱厂及市场对不同纤维品质的需求，从而依需求制定育种目标。对于棉花的纤维品质，各国都制订了不同的标准，美国要求比强度达 27～30cN/tex，麦克隆值 3.8～4.2，绒长 27～30mm；澳大利亚一直要求较高，其 2000 年收获的棉花中可纺 30 支纱的比例已达 34％，31 支纱 35％，40 支纱 16％，50 支纱 2％，纤维强度 32cN/tex 以上的比例达 11％；中国的纤维品质与气纺技术要求低于上述两国，尤其是比强度与美国相差 2～3cN/tex。

近年来，由于高档棉织品的日趋流行，全球对高品质棉的需求增长速度加快，国际原棉市场对高品质棉需求以年均 7.3％速度增长，2002—2003 年达到 232 万吨。因此，利用杂种优势已成为改良纤维品质的重要手段。

三是棉花抗逆育种的需要。通过杂交育种可以培育出高抗虫害的棉花品种。棉花是重要的经济作物，近年来由于气候和生态环境的变化、害虫抗药性的增加,尤其是棉铃虫的危害日益猖獗。单纯使用化学农药一方面导致害虫抗药性快速增长、治虫成本剧增、植棉效益降低;另一方面,严重危害棉农生命健康、污染环境、破坏生态平衡。据统计目前棉铃虫对菊酯类农药的抗性比1980年已增加几百倍,从而造成了棉铃虫防治的更加困难。20世纪80年代末90年代初,棉铃虫在世界的主产棉区危害严重,棉铃虫给棉花生产的损失达10%～15%。因此,世界各国都十分重视探讨新的害虫管理措施,其中利用基因工程手段培育抗虫棉品种或组合是当今棉花害虫管理最有效的方法。它不仅使棉花自身产生抗害虫的物质,提高自身的防御机制,而且能减少化学农药的使用,减少环境污染和农药残留,减少劳动操作和降低植棉成本,从而提高棉农的植棉积极性,并有利于棉花生产和有关纺织业等行业的发展。

四是发展种子产业化的需要。随着棉种市场经济体系的建立和知识产权保护制度的加强,为实现农作物种子的大规模产业化生产和品种知识产权保护,大力发展和推广棉花杂交种更显需要。

近年来,国内外在棉花转基因技术及其应用已经取得重大进展,培育和利用转基因抗虫棉杂交种已成为解决近年来棉花产量难以提高、优质棉需求趋势增长、抑制棉铃虫暴发危害的有效途径之一,而且育成的抗虫杂交种在棉花生产中发挥了重要作用。在生产上种植抗虫杂交棉,能经济高效地防治害虫,可大大降低投入成本,增加产量和品质,提高收入,并减少农药对环境的污染。中国农科院在广泛开展棉花杂种研究的基础上,利用转Bt基因培育出了一系列抗虫杂交组合,其中,中棉所29将抗虫性与丰产性很好地结合在一起,增产幅度高,适应于黄河、长江流域棉区种植,是通过国家审定,允许大面积推广的抗虫杂交棉组合,它不仅充分显示了杂种棉的增产潜力,而且展示了杂种优势在利用各种特色性状(比如抗虫性能等)与优良推广品种配制组合方面拥有巨大的潜力。

第二节　杂交组合选配原则

亲本选择是能否配制出强优势组合的关键。亲本选配不仅要注意到亲本的配合力,同时要注意其农艺性状。有了优良的亲本,并不等于就有了高优势的组合。为了选配优良亲本,一方面应不断引入新的优良品种来充实亲本,另一方面必须掌握一些当地大面积推广的优良品种,深入了解这批亲本的主要特征特性及其遗传特点及其在历次杂交中的配合力表现。

一、双亲配合力要强

育种实践证明,并非所有的优良品种都是优良亲本,选配亲本组合不能仅仅依据所选亲本材料的自身表现,而且要求选作亲本的材料有较高的将优良性状传递于后代的能力。基因的显隐性关系、基因间相互作用和基因的加性效应等,都是影响性状遗传传递力的遗传因素。在数量性状中,要选用某个优良性状加性效应大的材料作亲本。这种材料可以通过测定亲本某个性状的一般配合力高低来选用。当一个亲本在某个性状上本身绝对值大,一般配合力又高,后代在这个性状上平均表现就较好,容易选出好材料。

因此,在选用亲本时,不仅要考虑亲本品种本身性状的优劣,还要考虑所选亲本的配合力。只有将性状优良且一般配合力好的品种作为杂交亲本才会获得好的杂交组合。

二、亲缘关系要远

利用亲缘关系较远、性状差异较大的亲本杂交,有助于提高杂种异质程度,丰富其遗传基础,可获得较强的杂种优势。如表现优良的抗虫杂种棉中棉所 29 号,其母本来源于我国推广面积最大的中棉所 12 号;其父本来源于珂字棉转 Bt 基因系和中棉所 16 号的后代选系。父母本亲缘关系较远,差异较大。

三、性状良好并互补

两亲本应具有较好的丰产性、优良品质和较广的适应性,通过杂交使优良性状在杂种中得到累加和加强。棉花的产量性状、纤维品质、早熟性等多属于数量性状,其遗传的基因作用以加性作用为主,杂种后代群体各性状的平均表现大多介于双亲之间,与亲本平均值有密切关系,即双亲的平均表现大体上决定了杂种后代的表现趋势。双亲性状的表现均较好评时才表现出较强的杂种优势。任何一个品种总会有或多或少的缺点,要选用缺点少综合性状好双亲优点可以互补的材料作亲本。要做到双亲互补,不仅要掌握亲本性状的表现形式,还要了解有关性状的遗传行为。同时必须注意:双亲不能有共同的缺点,主要经济性状上不要有严重缺陷,以免这种缺陷在杂种后代中得不到弥补。

四、亲本之一宜选用当地推广品种

一个优良的棉花品种必须对当地自然、栽培条件下具有较好的适应性。杂种的适应性虽然可以通过当地培育条件的作用进一步加强,但其遗传基础还在于亲本本身的适应能力。如果亲本的适应性强,又有一定的丰产性,则成功的可能性更大。如推广的杂交种中棉所 29、中棉所 28、湘杂棉 2 号都是利用当地推广的中棉所 12 作为亲本之一。推广种植的慈抗杂 3 号也是利用慈96－6品种,慈96－6品种其中一个亲本就是当地推广的中棉所 12 号,另一个亲本就是丰产性极好的泗棉 3 号。

选用当地推广品种作为亲本之一,可以使杂种后代具有较好的丰产性和适应性。

五、产量高的亲本作母本,且双亲开花期要大体一致

多个组合做正反交试验中,以高产亲本作母本的杂交种普遍高于以低产亲本作母本的杂交种,另外,以高产亲本作母本还可以提高亲本的繁殖量。

在花期上,棉花开花期一般历期两个月,且父母本花期相差都不会太大,可塑性较强,可以通过摘花或肥水条件来调节,使花期一致。

第三节　双列杂交设计分析

作物杂种优势的遗传分析，长期以来主要是利用品种间双列杂交，分析杂种一代的平均优势与超亲优势，并用 Griffing 配合力遗传模型，估算亲本的一般配合力与特殊配合力。

一、双列杂交设计类型

根据 Griffing 分类，双列杂交可分为完全双列杂交与不完全双列杂交。

(一)完全双列杂交

完全双列杂交可分为 4 种类型：

(1)包括亲本和正、反交两个组 F_1 的双列杂交。

(2)包括亲本和仅仅一组 F_1 的双列杂交。

(3)不包括亲本，有正、反交两个组 F_1 的双列杂交。

(4)不包括亲本，仅一组 F_1 的双列杂交。

(二)不完全双列杂交

不完全双列杂交包括以下几种类型。

(1)两组亲本的双列杂交设计。由 p 个亲本和 q 个亲本间的 pq 个 F_1 组合组成的部分双列杂交，NCⅡ设计属于这一类。

(2)不平衡的双列杂交设计。在双列杂交设计中，由于一系列的原因缺失了一个或几个组合，造成数据不完整，不符合双列杂交设计要求，因而可称为不平衡的双列杂交。

(3)双列杂交不仅包括组合的 F_1，而且包括组合的 F_2，甚至回交世代等；或者其中没有 F_1，仅有 F_2 或回交世代的杂交组合，这类设计也是双列杂交设计的一种变型。

二、配合力的概述

配合力的概念是 Sprague 和 Tatum(1942)在玉米杂种优势利用上提出的。Kime 和 Tilley(1947)将其应用于棉花双列杂交的分析中。绝大多数棉花双列杂交设计仍利用 Griffing 的配合力分析方法。

配合力分为一般配合力(GCA)和特殊配合力(SCA)。

(一)一般配合力

一般配合力是指一个被测自交系和其他自交系组配的一系列杂交组合的产量(或者其他性状)的平均表现,由基因的加性效应决定,是可以遗传的部分。一般配合力的高低是由自交系所含的有利基因位点的多少决定的。一个自交系所含的有利基因位点越多,其一般配合力越高;反之一般配合力越低。一般配合力的度量方法,通常是在一组专门设计的试验中,用某一自交系组配的一系列杂交组合的平均产量与试验中全部杂交组合平均产量的差值来表示。

(二)特殊配合力

特殊配合力是指两个特定亲本组配的杂交种的产量水平。它是由基因的非加性效应决定的,受基因间的显性、超显性和上位性效应控制,只能在特定的组合中由双亲的等位基因间或非等位基因间的互相作用才能反映出来,是不能遗传的部分。特殊配合力是在特定的组合中的 F_1 产量与双亲的一般配合力平均数值的偏差,其度量方法是特定组合的实际产量与按双亲一般配合力换算的理论产量的差值。某一特定组合的理论产量=全部组合的总平均产量+双亲的 GCA 值。

大多数高产的杂交组合的两个亲本系都具有较高的一般配合力,双亲间又具有较高的特殊配合力;大多数低产的杂交组合的双亲或双亲之一是低配合力,在这种情况下即使具有较高的特殊配合力,也很少出现高产的杂交组合。选育高配合力的自交系是产生强优势杂交种的基础,在一般配合力高的基础上,再筛选高特殊配合力,才可以获得最优良的杂交组合。

第四节　慈杂系列棉花杂种优势利用

一、慈杂系列杂种优势的产量表现

1. 中棉所系列抗虫棉与自配杂交抗虫棉 F_2 代产量的比较

1998 年试验的 R108、R934 抗虫棉品种 2 个其皮棉比对照泗棉 3 号增产 3.49%～5.14%，慈抗杂 1、2、3 与 3 个抗虫杂交棉 F_2 代的皮棉产量极显著地高于泗棉 3 号，增幅为 17.05%～28.57%，其中慈抗杂 3 号增幅最高，国抗 1、2 号比对照减产 5.95%～8.54%；产量构成因子分析表明，抗虫杂交棉 F_2 代增产的主要原因是单株结铃数多，铃较大和衣分较高，同时还可能与不同组合的杂种优势表达强度密切相关（表 2-1）。由此可见，筛选出比常规棉增产的抗虫杂交棉组合是可能的。

表 2-1　2 个抗虫品种与 5 个抗虫杂交棉 F_2 的产量

品种	皮棉产量（kg/hm^2）	比对照增减（±%）	单株结铃数	单铃重（g）	衣分（%）
R108	1 006.25	5.14	11.12	4.80	39.81
R934	990.60	3.49	12.05	4.95	40.64
国抗杂 1 号 F_2	900.30	-5.94	9.93	5.46	37.56
国抗杂 2 号 F_2	875.40	-8.54*	9.63	5.63	39.27
慈抗杂 1 号 F_2	1 120.35	17.05**	12.13	5.80	39.00
慈抗杂 2 号 F_2	1 133.25	18.40**	13.33	5.36	40.97
慈抗杂 3 号 F_2	1 230.60	28.57**	12.22	5.87	40.17
泗棉 3 号（CK）	957.15	—	12.22	5.00	40.55

* 表示达 5%显著水平，* * 表示达 1%显著水平。下同

2. 慈杂系列抗虫棉组合的产量

对 2007 年江山选配和 2008 年海南选配的组合分成 3 个品比

试验进行。3组品比试验均在慈溪市农业创新园区试验地进行。试验期间按抗虫杂交棉栽培要求进行田间管理，管理水平略高于大田生产。

表2-2中参试的9个组合子、皮棉产量均低于慈抗杂3号（对照），其中，皮棉产量有3个组合极显著低于对照，2个组合显著低于对照，4个组合与对照无显著差异。从表2-3产量构成因子可以看出：各组合衣分除组合1（CZH-KF1×B）稍低外，其余组合的衣分为42%～44%；组合6（CZH-KF1×荆55173）单铃表现中大型，慈抗杂3号单铃为中等型，组合3与组合7在生长过程中表现棉铃较大，但实际单铃重不高，与其纤维欠紧实和铃壳偏厚有关。组合4的单铃重和单株铃数均未超过对照，仅衣分高于对照1个百分点，故籽、皮棉产量与对照基本持平。

表2-2　籽、皮棉产量（品比试验之一）

代号	组合	籽棉产量		皮棉产量	
		单产（kg/hm^2）	比CK±（%）	单产（kg/hm^2）	比CK±（%）
1	CZH-KF1×B	4 461.0	−11.8	1 846.5 c BC	−13.1
2	CZH-KF1×39	4 585.5	−9.3	1 957.5 abc ABC	−7.8
3	CZH-KF1×渝棉1号	4 185.0	−17.2	1 798.5 c C	−15.3
4	CZH-KF1×赣棉11号	4 905.0	−3.0	2 109.0 ab AB	−0.7
5	CZH-KF1×鄂抗棉3号	4 447.5	−12.0	1 957.5 abc ABC	−7.8
6	CZH-KF1×荆55173	4 509.0	−10.8	1 917.0 abc ABC	−9.7
7	渝棉1号×CZH-KF1	4 291.5	−15.1	1 845.0 c BC	−13.1
8	渝棉1号×39	4 446.0	−12.1	1 872 .0c ABC	−11.9
9	渝棉1号×WH-1	4 519.5	−10.6	1 917.0 bc ABC	−9.7
10(CK)	慈抗杂3号（CK_1）	5 056.5	—	2 124.0 a A	—

注：表中小写字母表示该项目0.05显著水平比较，大写字母表示0.01极显著水平比较

表 2-3　产量性状(品比试验之一)

代号	组合	单铃重(g)	单株铃数(个)	衣分(%)	子指(g)
1	CZH-KF1×B	6.17	30.6	41.4	10.5
2	CZH-KF1×39	6.05	28.4	42.7	10.0
3	CZH-KF1×渝棉1号	5.97	30.5	43.0	10.4
4	CZH-KF1×赣棉11号	5.80	30.6	43.0	9.9
5	CZH-KF1×鄂抗棉3号	6.07	29.7	44.0	10.2
6	CZH-KF1×荆55173	6.37	29.3	42.5	10.7
7	渝棉1号×CZH-KF1	6.00	27.2	43.0	10.6
8	渝棉1号×39	5.89	30.1	42.1	9.9
9	渝棉1号×WH-1	6.00	29.7	42.4	10.1
10(CK)	慈抗杂3号(CK_1)	6.10	33.3	42.0	9.9

表2-4中所有组合的籽棉、皮棉产量均低于第1对照(慈抗杂3号),仅1个组合(荆55173×CZH-04)的皮棉产量比第2对照(湘杂棉8号)略增1.9%,且无显著差异。从表2-5的产量构成因子可以看出:中等大小的铃重、较高的衣分和较多的单株结铃能获得高产,对照慈抗杂3号皮棉产量稳居首位的原因可能就在于此。而荆55173×CZH-04组合前中期结铃集中,但上部结铃无优势,最后的产量与对照相差较多,其余组合在生长过程中无明显特点。

表2-6中所有组合的籽棉、皮棉产量均低于第1对照(慈抗杂3号),且减产幅度较大,仅一个组合(慈96-8×中41)籽、皮棉产量超过第2对照(湘杂棉8号)。

从表2-7的产量构成因子看,各组合的衣分相差极小,单株结铃数有2个组合超过第1对照。据田间调查,两个对照的各小区棉花均生长稳健，因而产量表现好。组合 18(慈 96－8×中 41)与第 2 对照(湘杂棉 8 号)产量相当，故 2009 年选择组合 18(慈 96－8×中 41)参加了江西省棉花品种区域试验的预备试验。

表 2－4　籽、皮棉产量(品比试验之二)

代号	组合	籽棉产量			皮棉产量		
		单产 (kg/hm²)	比 CK_1± (%)	比 CK_2± (%)	单产 (kg/hm²)	比 CK_1± (%)	比 CK_2± (%)
11	鄂抗棉 3 号×WH－1	5 214.0	－8.0	＋1.8	2 182.5 bc AB	－9.2	－2.9
12	鄂抗棉 3 号×39	5 244.0	－7.4	＋2.4	2 212.5 bc AB	－8.0	－1.6
13	荆 55173×CZH－04	5 224.5	－7.8	＋2.0	2 290.5 ab AB	－4.7	＋1.9
14	浙大 Z1	4 689.0	－17.2	－8.5	1 911.0 d C	－20.5	－15
15	浙大 Z2	5 109.0	－9.8	－0.3	2 089.5 cd BC	－13.1	－7.1
16(CK_1)	慈抗杂 3 号	5 665.5	－	＋17.6	2 404.5 a A	－	＋6.9
17(CK_2)	湘杂棉 8 号	5 122.5	－17.6	－	2 248.5 abc AB	－6.9	－

注：表中小写字母表示该项目 0.05 显著水平比较，大写字母表示 0.01 极显著水平比较

表 2－5　产量性状表(品比试验之二)

代号	组合	单铃重 (g)	单株铃数 (个)	衣分 (%)	子指 (g)
11	鄂抗棉 3 号×WH－1	6.06	33.9	41.9	9.9
12	鄂抗棉 3 号×39	5.98	34.9	42.2	10.0
13	荆 55173×CZH－04	6.74	31.0	43.9	9.3
14	浙大 Z1	6.48	31.2	40.8	10.3
15	浙大 Z2	5.80	31.3	40.9	9.6
16(CK_1)	慈抗杂 3 号	6.12	34.3	42.5	9.8
17(CK_2)	湘杂棉 8 号	7.00	27.2	43.9	10.3

表 2-6　籽、皮棉产量(品比试验之三)

代号	组合	籽棉产量			皮棉产量		
		单产 (kg/hm²)	比 CK_1± (%)	比 CK_2± (%)	单产 (kg/hm²)	比 CK_1± (%)	比 CK_2± (%)
18	慈 96-8×中 41	5 685.0	−8.3	+0.7	2 461.5	−6.8	+0.7
19(CK_1)	慈抗杂 3 号	6 201.0	—	+9.8	2 641.5	—	+8.0
20	慈 96-389×WH-1	5 553.0	−10.4	−1.6	2 376.0	−10.1	−2.8
21	慈 96-11×E8	5 443.5	−12.2	−3.6	2 377.5	−10.0	−2.8
22	Z905-5×39	5 485.5	−11.5	−2.8	2 412.0	−8.7	−1.3
23(CK_2)	湘杂棉 8 号	5 646.0	−9.8	—	2 445.0	−8.0	—

表 2-7　产量性状(品比试验之三)

代号	组合	单铃重 (g)	单株铃数 (个)	衣分 (%)	子指 (g)
18	慈 96-8×中 41	6.40	34.1	43.3	10.3
19(CK_1)	慈抗杂 3 号	6.49	33.8	42.6	9.7
20	慈 96-389×WH-1	6.32	36.2	42.8	9.6
21	慈 96-11×E8	6.48	33.7	43.7	10.1
22	Z905-5×39	6.58	32.5	44.0	10.1
23(CK_2)	湘杂棉 8 号	6.91	32.4	43.3	9.6

用慈 96-6 的 5 个单优系作母本，用 WH-1、CZH-05、CZH-KF1 3 个抗虫棉作父本配制的 15 个杂交组合，以慈抗杂 3 号为第 1 对照，鄂杂棉 10 号为第 2 对照。试验于 2009 年在慈溪市农业创新园区试验地进行，试验期间按抗虫杂交棉栽培要求进行田间管理，管理水平略高于大田生产。从表 2-8 可见，所有组合的皮棉产量均较第 1 对照慈抗杂 3 号减产，减幅为 0.24%～12.04%，其中，与慈抗杂 3 号极为接近的组合 1 个(慈 96-31×CZH-KF1)；有 6

个组合皮棉产量较第2对照鄂杂棉10号增产，增幅为0.35%～3.47%。3个抗虫父本配制组合的平均皮棉产量CZH－KF1（1 825.95kg）与CZH－05（1 825.8kg）相当，高于WH－1（1 775.4kg）2.8%，产量构成因子分析：CZH－KF1与CZH－05衣分相当，超过WH－1一个百分点，单铃重以WH－1为大点。总的看来：3个抗虫父本间的产量优势依次是CZH－KF1、CZH－05、WH－1。

表2－8 慈96－6优系与3个抗虫父本间杂交组合的产量及产量构成因子

编号	组合	籽棉产量（kg/hm^2）	皮棉产量（kg/hm^2）	衣分（%）	单铃重（g）
单1	慈96－30×WH－1	4 867.22	1 854.41	0.381	5.86
单2	慈96－31×WH－1	4 130.00	1 656.13	0.401	5.64
单3	慈96－34×WH－1	4 411.39	1 746.91	0.396	5.76
单4	慈96－8×WH－1	4 252.78	1 667.09	0.392	6.06
单5	慈96－9×WH－1	4 360.28	1 674.35	0.384	5.94
单6	慈96－30×CZH－05	4 356.39	1 685.92	0.387	5.84
单7	慈96－31×CZH－05	4 314.72	1 799.24	0.417	5.65
单8	慈96－34×CZH－05	4 409.44	1 807.87	0.41	5.52
单9	慈96－8×CZH－05	4 451.67	1 798.47	0.404	5.67
单10	慈96－9×CZH－05	4 560.00	1 842.24	0.404	5.48
单11	慈96－30×CZH－KF1	4 330.83	1 676.03	0.387	6.29
单12	慈96－31×CZH－KF1	4 578.06	1 890.74	0.413	5.66
单13	慈96－34×CZH－KF1	4 328.89	1 787.83	0.413	5.66
单14	慈96－8×CZH－KF1	4 490.83	1 845.73	0.411	5.77
单15	慈96－9×CZH－KF1	4 501.39	1 733.03	0.385	5.54
单16	慈抗杂3号（CK_1）	4 702.78	1 895.22	0.403	5.84
单17	鄂杂棉10号（CK_2）	4 328.89	1 792.16	0.414	6.06

2009年用海南配制的10个组合,以慈抗杂3号为第1对照,鄂杂棉10号为第2对照进行品种比较。试验在慈溪市农业创新园区试验地进行,按照抗虫棉栽培要求田间管理。表2-9可见:有5个组合的皮棉产量较两对照增产,较第1对照慈抗杂3号增幅为0.20%~7.37%,较第2对照鄂杂棉10号增幅为0.34%~7.73%。其中海2组合增产最为显著。

表2-9　2009年海南配制的组合产量

编号	组合	籽棉单产 (kg/hm^2)	皮棉单产 (kg/hm^2)	比 CK_1 ±%	比 CK_2 ±%	单铃重 (g)	衣分 (%)
海1	鄂抗棉3号×CZH-05	4 572.29	1 796.91	0.89	1.23	6.00	38.9
海2	荆55173×CZH-05	4 698.75	1 912.39	7.37	7.73	6.15	40.3
海3	赣棉11号×CZH-05	4 145.83	1 633.46	-8.29	-7.98	5.69	38.6
海4	渝棉1号×CZH-05	4 271.04	1 672.11	-6.12	-5.80	5.73	38.7
海5	鄂抗棉3号×E8	4 600.42	1 794.16	0.73	1.07	6.14	38.3
海6	荆55173×E8	4 195.00	1 596.20	-10.38	-10.08	5.98	37.3
海7	荆55173×CZH-KF1	4 587.50	1 786.83	0.32	0.66	6.67	38.9
海8	赣棉11号×CZH-KF1	4 249.38	1 680.63	-5.64	-5.32	5.90	38.8
海9	荆55173×CZH-39	4 355.00	1 652.72	-7.21	-6.89	6.07	37.2
海10	荆55173×WH-1	4 605.63	1 784.68	0.20	0.54	6.31	38.2
CK_1	慈抗杂3号	4 543.75	1 781.15	—	0.34	6.17	39.2
CK_2	鄂杂棉10号	4 251.88	1 775.16	-0.33	—	6.43	40.9

2010年用海南配制的13个组合,以慈抗杂3号为对照进行品种比较。试验于慈溪市农业创新园区试验地进行,按照抗虫棉栽培要求田间管理。表2-10可见:所有组合的皮棉产量均较对照慈抗杂3号增产,增幅为0.54%~12.5%。海6组合增产最大,其次是海9。

表 2－10　2010 年海南配制的组合产量

编号	组合	籽棉单产 (kg/hm^2)	皮棉单产 (kg/hm^2)	比 CK ±%	单铃重 (g)	衣分 (%)
海 1	S8F×HGK－1	4 355.14	1 890.13	6.32	5.60	43.4
海 2	J55MF×HGK－1	4 287.04	1 864.86	4.90	5.47	43.5
海 3	J56GF×HGK－1	4 151.82	1 822.65	2.52	5.58	43.9
海 3	EZF8×HGK－1	4 231.48	1 794.15	0.92	4.84	42.4
海 4	J55MF×EZK9	4 262.63	1 909.66	7.42	5.50	44.8
海 5	J56GF×EZK9	4 372.48	1 910.78	7.48	5.59	43.7
海 6	J55MF×CZH－05	4 640.36	2 000.00	12.50	5.39	43.1
海 7	J56GF×CZH－05	4 036.50	1 792.21	0.81	5.64	44.4
海 8	EZF8×CZH－05	4 370.88	1 861.99	4.74	5.08	42.6
海 9	J55MF×B7K	4 357.39	1 947.75	9.56	5.77	44.7
海 10	J56GF×B7K	4 044.00	1 807.67	1.68	5.67	44.7
海 11	EZF8×B7K	4 357.71	1 895.60	6.63	4.98	43.50
海 12	J56GF×E29	4 166.27	1 787.33	0.54	5.67	42.9
海 13	EZF8×E29	4 238.54	1 809.86	1.80	5.17	42.7
CK	慈抗杂 3 号	4 163.38	1 777.76	—	5.47	42.7

二、慈杂系列杂种优势的纤维品质表现

(一)中棉所系列抗虫棉与自配杂交抗虫 F_2 代品质

由表 2－11 可见，R108、R934 2 个抗虫棉品种的麦克隆值稍大于泗棉 3 号，纤维长度较泗棉 3 号短，但纤维比强度均明显高于泗棉 3 号；慈抗杂 3 号等 3 个皮棉产量增幅较大的抗虫杂交棉 F_2 代，除慈抗杂 2 号纤维品质不及泗棉 3 号外，其余 2 个的纤维品质明显优于泗棉 3 号。

表 2-11 抗虫品种与抗虫杂交棉 F_2 的纤维品质* 表现

品 种	2.5%纤维跨长 (mm)	比强度 (g/tex)	马克隆值
R108	28.77	23.10	5.63
R934	29.59	24.90	5.62
国抗杂 1 号 F_2	30.13	23.67	5.31
国抗杂 2 号 F_2	29.78	21.90	5.45
慈抗杂 1 号 F_2	31.57	23.01	4.89
慈抗杂 2 号 F_2	28.99	21.60	5.30
慈抗杂 3 号 F_2	31.05	24.64	5.29
泗棉 3 号(CK)	30.45	22.28	5.45

* 纤维品质测试结果为 ICC 标准

(二)慈杂棉系列抗虫组合的品质

由表 2-12 中可见:大多数组合均为优质和较优质型,即上半部长度达到 30mm、比强度超过 30cN/tex、马克隆值 5 或 5 以下的组合有 6 个。进一步分析可知,用渝棉 1 号做亲本选配的每个组合,纤维品质都达优质棉的要求,另外是用 CZH-KF1 号作亲本选配的 6 个组合中,有 2 个组合的纤维品质也能达到优质棉的要求。

表 2-13 可见,仅 1 个组合达到上半部长度 30mm、比强度 30cN/tex、马克隆值小于或等于 5 的育种目标。其余另 4 个组合在品质指标表现上各有欠缺。即组合 18 的上半部长度小于 30mm;组合 14、15 的比强度低于 30cN/tex;组合 11、12、14、15 表现细度不够(即马克隆值超过 5)。

表 2-14 可见:试验的 5 个组合材料,其上半部长度都超过 30mm、比强度都超过 30cN/tex,但总体偏粗(即马克隆值远远大于 5)。进一步分析表明:用慈 96-6 系列作亲本选配的各组合,其长度与比强度向优质型表现得较为突出,但有纤维偏粗的倾向,

如何利用慈 96－6 作为亲本,解决纤维偏粗问题,是今后育种工作上重点攻克的瓶颈。

表 2－12 纤维品质* 表现(品比试验之一)

编号	组合	长度(mm)	比强度(cN/tex)	马克隆值	品质评价
1	CZH－KF1×B	29.78	29.5	5.17	品质较差
2	CZH－KF1×39	30.85	31.8	4.98	比强优,纤维长
3	CZH－KF1×渝棉 1 号	30.88	32.9	4.82	优质型
4	CZH－KF1×赣棉 11 号	30.06	30.0	5.08	略偏粗
5	CZH－KF1×鄂抗棉 3 号	30.92	29.9	5.05	略偏粗,比强差
6	CZH－KF1×荆 55173	31.74	30.8	4.78	较优质
7	渝棉 1 号×CZH－KF1	30.24	32.8	4.87	优质型
8	渝棉 1 号×39	30.80	33.8	5.00	优质型
9	渝棉 1 号×WH－1	30.61	30.5	4.93	较优质
10	慈抗杂 3 号(CK_1)	32.15	31.7	5.10	偏粗,另三项优

* 纤维品质测试结果为 HVI 标准,下同

表 2－13 纤维品质表现(品比试验之二)

编号	组合	长度(mm)	比强度(cN/tex)	马克隆值	均匀度指数	品质评价
11	鄂抗棉 3 号×WH－1	31.91	31.0	5.15	150	较优,但偏粗
12	鄂抗棉 3 号×39	31.29	30.0	5.02	150	长度优
13	荆 55173×CZH－04	30.19	31.5	4.85	152	较优
14	浙大 Z1	29.27	29.1	5.15	140	较差
15	浙大 Z2	30.22	29.7	5.26	145	较差
16(CK_1)	慈抗杂 3 号	31.62	30.2	5.18	146	偏粗
17(CK_2)	湘杂棉 8 号	30.09	28.6	4.94	143	品质一般

表 2-14　纤维品质表现(品比试验之三)

代号	组合	长度(mm)	比强度(cN/tex)	马克隆值	均匀度指数	品质评价
18	慈 96-8×中 41	31.37	30.2	5.18	145	偏粗,长度优
19(CK_1)	慈抗杂 3 号	32.13	30.1	5.18	153	较优,但偏粗
20	慈 96-389×WH-1	31.09	30.1	5.62	142	极粗,经济指数差
21	慈 96-11×E8	30.32	31.8	5.47	152	极粗,其余三项优
22	Z905-5×39	30.31	30.3	5.08	147	品质一般
23(CK_2)	湘杂棉 8 号	30.68	29.4	5.09	146	品质一般

表 2-15 可见,配制的 15 个单系组合的品质均较优,除单 9(慈 96-8×CZH-05)纤维长度略短,马克隆值略粗外,其余 14 个组合的纤维长度均超过 32mm,有 3 个组合超过 33mm,1 个组合达 34.89mm;有 5 个组合比强度超过 33cN/tex;马克隆的细度表现也较好。

表 2-16 可见,2009 年配制的海组合所有组合的纤维品质均差于第 1 对照慈抗杂 3 号,但整体上均好于第 2 对照鄂杂棉 10 号。

表 2-15　慈 96-6 优系与 3 个抗虫父本间杂交组合的纤维品质

编号	组　　合	长度(mm)	马克隆值	比强度(cN/tex)
单 1	慈 96-30×WH-1	33.28	4.81	33.3
单 2	慈 96-31×WH-1	34.89	4.91	32.1
单 3	慈 96-34×WH-1	34	5.19	32.8
单 4	慈 96-8×WH-1	32.56	4.79	32.9
单 5	慈 96-9×WH-1	32.73	4.96	33.2
单 6	慈 96-30×CZH-05	32.6	4.98	32.3

续表

编号	组　　合	长度(mm)	马克隆值	比强度(cN/tex)
单 7	慈 96－31×CZH－05	32.13	5.1	34.8
单 8	慈 96－34×CZH－05	32.65	4.91	33.6
单 9	慈 96－8×CZH－05	31.23	5.25	32
单 10	慈 96－9×CZH－05	32.63	5.04	34.1
单 11	慈 96－30×CZH－KF1	32.7	4.84	31.2
单 12	慈 96－31×CZH－KF1	33.33	5.08	31.8
单 13	慈 96－34×CZH－KF1	32.33	4.94	32.8
单 14	慈 96－8×CZH－KF1	32.4	4.79	31.9
单 15	慈 96－9×CZH－KF1	32.45	4.8	31.3
单 16	慈抗杂 3 号(CK_1)	33.37	5.29	32.3
单 17	鄂杂棉 10 号(CK_2)	31.51	5.03	29.8

表 2－16　2009 年海南配制的组合纤维品质

编号	组　　合	长度(mm)	马克隆值	比强度(cN/tex)
海 1	鄂抗棉 3 号×CZH－05	32.28	4.89	31.9
海 2	荆 55173×CZH－05	31.24	4.9	30.6
海 3	赣棉 11 号×CZH－05	32.02	4.85	33
海 4	渝棉 1 号×CZH－05	31.58	5.31	31.3
海 5	鄂抗棉 3 号×E8	33.33	5.09	32.1
海 6	荆 55173×E8	32.72	4.72	33.7
海 7	荆 55173×CZH－KF1	33.09	4.83	31.5
海 8	赣棉 11 号×CZH－KF1	31.69	4.88	30.8
海 9	荆 55173×CZH－39	33.39	4.59	32.8
海 10	荆 55173×WH－1	32.73	4.95	31.9
CK_1	慈抗杂 3 号	34.32	4.87	33.9
CK_2	鄂杂棉 10 号	30.78	5.06	31.5

表 2-17 中,2010 年海南组合中纤维长度超过 30mm 的组合有 3 个,除海 1、海 11 外其余 11 个组合的比强度均超过 32,但所有组合马克隆值均偏粗,可能与该年纤维成熟期间的秋季温度高、雨水少有关。

表 2-17 2010 年海南配制的组合纤维品质

编号	组 合	纤维长度(mm)	马克隆值	比强度(cN/tex)
海 1	S8F×HGK-1	28.1	5.57	30.2
海 2	J55MF×HGK-1	29.6	5.69	35.5
海 3	J56GF×HGK-1	30.2	5.49	36.1
海 3	EZF8×HGK-1	29.7	5.21	32.9
海 4	J55MF×EZK9	28.7	5.79	33.4
海 5	J56GF×EZK9	30.8	5.27	33.4
海 6	J55MF×CZH-05	28.8	5.45	35.1
海 7	J56GF×CZH-05	30.2	5.64	33.6
海 8	EZF8×CZH-05	29.4	5.43	31.6
海 9	J55MF×B7K	28.8	5.80	35.3
海 10	J56GF×B7K	28.6	5.47	32.5
海 11	EZF8×B7K	28.82	5.56	31.90
海 12	J56GF×E29	29.7	5.66	34.5
海 13	EZF8×E29	28.6	5.50	33.0
CK	慈抗杂 3 号	30.7	5.39	33.8

三、讨论

从历年的品比试验的性状表现来看:要把优质、丰产、大铃等性状集于一体的组合选配成功的几率极低。优质大桃型组合往往表现丰产性较差,都较慈抗杂 3 号显著或极显著减产,而丰产型组合纤维品质往往表现较差。通过选配实践认为:要培育既能满足农业生产需要,又能通过品种审定的新组合,需要把育种目标调整为选配较优质、丰产、中桃型的组合,这种组合的选配思路是比较现实而又可行的。

慈96－6作为优质亲本如何在组合选配中利用,一方面要寻求细度较好的亲本加以配制,另一方面就是要对慈96－6系列本身进行混合集团改良,以提高慈96－6的固有品质,特别是降低慈96－6的马克隆值,进一步提高其比强度,通过组合选配,争取达到国家优质Ⅰ型标准。

随着种质资源征集,遗传基础的拓宽,采用不同亲缘关系的亲本配制的杂交组合,在产量、品质上已能超过慈抗杂3号,而且表现铃较大、吐絮畅等生产上需要的特性。

第五节　慈杂系列棉花双列杂交模型实践

一个理想的棉花品种,在高产、优质、抗逆的遗传表现上存在着高产负相关,常规育种方法很难将这些性状结合在一起。只有利用杂种优势才能较好地实现高产、优质、抗逆的遗传表现上的统一,而且选配周期较短。

一、不完全双列杂交的杂种优势分析

(一)试验布局

1.亲本材料

母本选用转基因抗虫材料02、04、常规棉慈96－5和慈96－7(此两品系为慈96－6的姐妹系,慈96－6为2000年浙江省审定品种)4份亲本;父本选用常规棉品系01、抗虫材料03、04、02、Z905－5和B等6份亲本。

杂交方法:采取母本人工去雄,柱头套管隔离;次日父本授花粉后套管。试验以国审品种慈抗杂3号为对照。

2.田间试验设计

试验于2006年在浙江省慈溪市农业创新园区试验地进行。根据前两年配制组合的杂种优势表现情况,事前有意识地淘汰了

9个组合，田间保留种植7个F_1代及10份亲本。重复3次，采用随机区组排列，畦(行)长9m，株距1m，单行区种植。F_1代种植密度34 500株/hm^2，每小区31株；亲本种植密度42 000株/hm^2，每小区种植38株。

(二)性状考查及小区测产

生育后期按小区收获，计算籽棉产量、皮棉产量、衣分、铃重4个主要产量性状，取标准铃棉样15g送农业部棉花品质监督检验测试中心测定。

(三)试验结果

1. 产量性状的杂种优势表现

由表2-18可见，籽棉产量的CH、MH、AH的平均值分别为1.87%、15.38%和5.27%，CH、MH、AH同时具有正向优势的组合为3、4和6；皮棉产量的杂种优势趋势与籽棉产量表现一致。表2-19可见，衣分的CH、MH、AH的平均值分别为2.48%、5.36%和3.32%，同时具有正向优势的组合为1、3、4和5；单铃重的CH、MH、AH的平均值分别为－1.30%、8.28%和4.95%，同时具有正向优势的组合有5和6，籽指的CH、MH、AH的平均值分别为0.87%、－0.68%和－2.93%，同时具有正向优势的组合仅为组合4。

表2-18 F_1代产量的竞争优势、平均优势和超亲优势比较

组合	籽棉产量			皮棉产量		
	CH	MH	AH	CH	MH	AH
1号(02×01)	−5.65	5.54	−4.77	−1.87	7.09	−2.95
2号(04×03)	−0.55	2.52	−0.19	−0.92	5.94	2.88
3号(慈96-5×04)	13.51	33.19	13.92	18.45	41.56	22.99
4号(慈96-5×02)	10.36	29.93	11.39	16.76	35.64	15.47
5号(慈96-7×Z905-5)	−8.53	0.31	−7.76	−7.50	10.53	7.15
6号(慈96-5×B)	2.07	20.82	19.04	2.04	29.67	25.90
平均	1.87	15.38	5.27	4.49	21.74	11.91

表 2-19 F_1 代产量构成因子的竞争优势、平均优势和超亲优势比较

组合	衣分			单铃重			籽指		
	CH	MH	AH	CH	MH	AH	CH	MH	AH
1号(02×01)	4.01	1.41	0.93	−1.41	9.20	7.10	−0.52	1.60	1.06
2号(04×03)	−0.37	3.34	3.08	−7.95	5.68	3.99	−2.08	0.80	−1.05
3号(慈96-5×04)	4.35	5.94	4.00	−0.88	10.43	5.45	−2.60	−1.32	−4.59
4号(慈96-5×02)	5.80	4.54	5.44	−2.65	6.58	3.57	2.60	2.87	0.51
5号(慈96-7×Z905-5)	1.13	9.65	3.84	2.30	6.63	4.51	4.17	−6.76	−11.50
6号(慈96-5×B)	−0.03	7.26	2.65	2.83	11.17	5.05	3.65	−1.24	−1.97
平均	2.48	5.36	3.32	−1.30	8.28	4.95	0.87	−0.68	−2.93

在主要产量及产量性状因子中，籽棉产量和皮棉产量的优势最为明显，衣分和单铃重的优势其次，籽指的优势最弱。

2.品质性状的杂种优势表现

由表2-20可见，纤维长度的CH、MH、AH的平均值分别为−0.92%、2.67%和−0.53%，同时具有正向优势的仅为组合6，马克隆值的CH、MH、AH的平均值分别为10.33%、8.91%和6.83%，组合的MH和AH为负向优势外，其余各组合均表现正向优势，各组合纤维表现不同程度地变粗；比强度的CH、MH、AH的平均值分别为−4.36%、−0.29%和−4.35%，没有一个组合同时表现CH、MH、AH正向优势，组合5和6的CH和MH优势表现正向；可纺性指数与比强度表现趋势一致。整齐度的CH、MH、AH的平均值分别为0.14%、−0.02%和−0.41%，具有正向优势的为组合3和5。

表 2-20 F_1 代品质性状的竞争优势、平均优势和超亲优势比较

组合	上半部平均长度			马克隆值			断裂比强度			可纺性指数		
	CH	MH	AH	CH	MH	AH	CH	MH	AH	CH	MH	AH
1号(02×01)	−5.21	0.34	−1.69	22	14.02	12.96	−12.26	−4.39	−4.90	−17.36	−11.52	−13.77
2号(04×03)	−5.86	2.66	2.12	2	−3.77	−5.56	−9.68	−2.95	−7.59	−11.81	−3.05	−8.63

续表

组合	上半部平均长度			马克隆值			断裂比强度			可纺性指数		
	CH	MH	AH	CH	MH	AH	CH	MH	AH	CH	MH	AH
3号(慈96-5×04)	−0.65	3.21	−0.97	4	5.05	0	−1.94	−0.82	−1.94	−0.69	−0.35	−3.38
4号(慈96-5×02)	−3.26	0.34	−3.57	24	22.77	14.81	−6.13	−1.86	−6.13	−12.5	−9.68	−14.87
5号(慈96-7×Z905-5)	2.61	1.94	−1.56	8	8	12.5	1.94	2.43	−2.77	3.47	2.05	−3.25
6号(慈96-5×B)	6.84	7.54	2.5	2	7.37	6.25	1.94	5.86	−2.77	3.47	8.76	−3.25
平均	−0.92	2.67	−0.53	10.33	8.91	6.83	−4.36	−0.29	−4.35	−5.90	−2.30	−7.86

纤维品质性状中，组合6的纤维长度杂种优势较为明显，其他组合各品质性状优势不明显。表明组合选配的亲本品质是杂交组合品质的基础。

二、转Bt基因抗虫棉与常规棉不完全双列杂交遗传分析

（一）试验布局

1. 参试材料

参试亲本材料为P1～P6等6个常规陆地棉品系、P7～P9等3个转基因抗虫棉品系，进行不完全双列杂交设计配置（表2-21），共16个组合。

表2-21　陆地棉与转Bt基因抗虫亲本不完全双列杂交设计

亲　　本		E29	B7抗	05
		P7	P8	P9
慈96-31	P1	H17	H18	H19
慈96-14	P2	H27	H28	H29
慈-ZJ6	P3	H37	H38	—
慈-ZJ1	P4	H47	H48	—
黄岗反	P5	H57	H58	H59
省8反	P6	H67	H68	H69

2. 田间试验设计

试验于2010年在慈溪市格林园省级区试站进行。4月17日

播种，5 月 11 日移栽。种植密度 28 500 株/hm^2。小区面积 13.34m^2。田间管理水平略高于当地大田水平，9 月中旬调查农艺性状，采摘标准铃考种、测试。

(二)调查项目

1. 取样与分析

苗蕾期田间系绳定株。分别在蕾期、初花、盛花、始絮 4 个生育期，上午在田间每小区取功能叶(倒 3 叶)，测定各期叶绿素(a、b、a+b、a/b)、可溶性蛋白含量、抗氧化酶活性(SOD、POD、CAT、APX)、MDA、可溶性糖、氮、磷、钾含量。

2. 数据处理

数据分析参照加性—显性遗传模型，采用朱军团队开发的(QGA Station)进行。预测遗传效应值，预测杂种优势表现。

(三)试验结果

1. 生理生化性状的平均表现

将不同生育期亲本、杂交 F_1 组合间生理生化性状的数据用 DPS12.5 软件方差分析，结果显示，苗蕾期亲本间叶绿素 a、N、K 含量存在显著差异①，丙二醛、APX、CAT 分别达显著和极显著差异；杂交 F_1 组合间 a/b、P、POD、APX 分别存在显著和极显著差异。初花期亲本间无显著差异；F_1 间 a/b、APX、CAT 达显著，POD、MDA、N 达显著。盛花期亲本叶绿素 a、叶绿素 b 达显著，CAT 、可溶性 C/N 达极显著；F_1 间 N、P 达显著，SOD、MDA、APX、可溶性 C/N 达极显著。始絮期亲本 POD、N 达显著，a、b、a/b、SOD、MDA、APX、CAT 达极显著，F_1 间 C/N、K 达显著，SOD、POD、MDA、APX、CAT 、N、P 达极显著，详见表 2-22、表 2-23 所述。

① 本书论述中字母含义如下(特别注明除外)：a——叶绿素 a；b——叶绿素 b；SOD——超氧化物歧化酶；POD——过氧化物酶；APX——抗坏血酸过氧化物酶；CAT——过氧化氢酶；MDA——丙二醛；C/N——碳氮比

表 2-22　亲本及 F_1 不同生育期若干生理性状的平均表现

时期	品系	叶绿素a	叶绿素b	a/b	C/N	N	P	K
苗蕾	P	1.26*	0.39	3.24	5.85	2.77*	0.76	3.45*
	F_1	1.26	0.39	3.22**	6.31	2.84	0.72*	3.33
初花	P	1.17	0.45	2.59	6.39	2.16	0.65	3.21
	F_1	1.17	0.45	2.61**	6.37	2.16*	0.63	6.23
盛花	P	1.66*	0.47*	3.51	9.14**	3.21	0.51	2.55
	F_1	1.70	0.49	3.49	6.78**	3.18*	0.71*	2.50
始絮	P	1.45**	0.44**	3.33**	13.11	2.12*	0.69	0.86
	F_1	1.56	0.48	3.27	10.68*	2.21**	0.65**	0.90*

*表示达5%显著水平，**表示达1%显著水平。下同

表 2-23　亲本及 F_1 不同生育期抗氧化酶及 MDA 的平均表现

时期	品系	SOD	POD	MDA	APX	CAT
苗蕾	P	1 358.5	27.71	16.03*	6.19*	0.51**
	F_1	1 327.3	19.44**	15.94	5.66**	0.54
初花	P	1 670.9	10.02	55.92	4.39	0.54
	F_1	1 634.8	9.04*	57.82*	4.51**	0.56**
盛花	P	1 849.5	19.67	42.40	13.35	0.99**
	F_1	1 777.7**	16.43	36.18**	15.34**	0.75
始絮	P	1 603.3**	17.20*	39.88**	10.67*	0.75**
	F_1	1 580.8**	17.53**	37.06**	9.10**	0.90**

2. 经济性状的平均表现

亲本及 F_1 主要产量、产量构成因子、纤维品质的平均表现见表 2-24、表 2-25。亲本基因型之间除了单株铃数、单铃重及纤维长度外，其他性状均达极显著或显著；F_1 组合除了单铃重和衣分外，也均达极显著或显著。

表 2-24　亲本及 F_1 皮棉产量及产量构成因子的平均表现

品系	铃数	铃重	衣分	皮棉产量
P	20.83	4.90	41.24**	15.12**
F_1	18.19**	5.29	42.23	17.13**

表 2-25　亲本及 F_1 纤维品质性状的平均表现

品系	马克隆值	纤维长度	比强度
P	5.25**	29.53*	33.76
F_1	5.55*	29.41**	34.35**

3. 生理生化的遗传分析

如表 2-26、表 2-27 所述，4 个时期生理生化指标均达不同程度的显著与极显著水平。表明生理生化指标受微环境和随机误差影响较大。从遗传率的估算值来看，盛花期 CAT 和 C/N、始絮期叶绿素 a、叶绿素 b、a/b 狭义遗传率在 0.510 以上，要在早代进行选择；其他的都在 0.400 以下，早代选择效果不佳。除盛花期 a/b 狭义和广义遗传率相等外，其他各期生理生化的广义遗传率均在 0.600 以上，表明可以根据这些指标在当年当地进行杂种优势利用。

表 2-26　不同生育期若干生理性状的遗传分析

时期	参数	a	b	a/b	C/N	N	P	K
苗蕾	V_A/V_P[a]	0.277**	0.315**	0.000	0.000	0.434**	0.165**	0.205**
	V_D/V_P[b]	0.428**	0.385**	0.577**	0.733**	0.136**	0.452**	0.398**
	V_e/V_P[c]	0.295**	0.300**	0.423**	0.267**	0.431**	0.383**	0.397**
	hG^{2d}	0.277**	0.315**	0.000	0.000	0.434**	0.165**	0.205**
	HG^{2e}	0.705**	0.700**	0.577**	0.733**	0.569**	0.617**	0.603**

续表

时期	参数	a	b	a/b	C/N	N	P	K
初花	V_A/V_P[a]	0.157**	0.246**	0.197**	0.201**	0.192**	0.000	0.000
	V_D/V_P[b]	0.615**	0.603**	0.409**	0.459**	0.469**	0.832**	0.600**
	V_e/V_P[c]	0.228**	0.151**	0.394**	0.339**	0.339**	0.168**	0.400**
	hG^2[d]	0.157**	0.246**	0.197**	0.201**	0.192**	0.000	0.000
	HG^2[e]	0.772**	0.849**	0.606**	0.661**	0.661**	0.832**	0.600**
盛花	V_A/V_P[a]	0.388**	0.392**	0.402**	0.569**	0.000	0.000	0.014
	V_D/V_P[b]	0.363**	0.308**	0.000	0.353**	0.854**	0.812**	0.842**
	V_e/V_P[c]	0.249**	0.300**	0.598**	0.078**	0.146**	0.188**	0.144**
	hG^2[d]	0.388**	0.392**	0.402**	0.569**	0.000	0.000	0.014
	HG^2[e]	0.751**	0.700**	0.402**	0.922**	0.854**	0.812**	0.856**
始絮	V_A/V_P[a]	0.692**	0.706**	0.715**	0.002	0.000	0.124**	0.092**
	V_D/V_P[b]	0.118**	0.129**	0.102**	0.692**	0.912*	0.628**	0.680**
	V_e/V_P[c]	0.190**	0.165**	0.183**	0.306**	0.088**	0.247**	0.228**
	hG^2[d]	0.692**	0.706**	0.715**	0.002	0.000	0.124**	0.092*
	HG^2[e]	0.810**	0.835**	0.817**	0.694**	0.912**	0.753**	0.772**

注：a. 加性方差比率，b. 显性方差比率，c. 剩余方差比率，d. 狭义遗传率，e. 广义遗传率

表 2-27　不同生育期抗氧化酶及 MDA 的遗传分析

时期	参数	SOD	POD	MDA	APX	CAT
苗蕾	V_A/V_P[a]	0.000	0.000	0.226**	0.000	0.322**
	V_D/V_P[b]	0.724**	0.794**	0.499**	0.801**	0.393**
	V_e/V_P[c]	0.276**	0.206**	0.275**	0.199**	0.285**
	hG^2[d]	0.000	0.000	0.226**	0.000	0.322**
	HG^2[e]	0.724**	0.794**	0.725**	0.801**	0.715**

续表

时期	参数	SOD	POD	MDA	APX	CAT
初花	V_A/V_P[a]	0.472**	0.251**	0.093*	0.037	0.000
	V_D/V_P[b]	0.198**	0.537**	0.621**	0.692**	0.876**
	V_e/V_P[c]	0.330**	0.211**	0.287**	0.271**	0.124**
	hG^2[d]	0.473**	0.251**	0.093*	0.037	0.000
	HG^2[e]	0.670**	0.789**	0.713**	0.729**	0.876**
盛花	V_A/V_P[a]	0.249**	0.083*	0.000	0.000	0.519**
	V_D/V_P[b]	0.460**	0.618**	0.891**	0.850**	0.347**
	V_e/V_P[c]	0.291**	0.300**	0.109**	0.150**	0.134**
	hG^2[d]	0.249**	0.083*	0.000	0.000	0.519**
	HG^2[e]	0.709**	0.700**	0.891**	0.850**	0.866**
始絮	V_A/V_P[a]	0.000	0.000	0.346**	0.232**	0.000
	V_D/V_P[b]	0.852**	0.884**	0.624**	0.685**	0.862**
	V_e/V_P[c]	0.148**	0.116**	0.030*	0.083*	0.138**
	hG^2[d]	0.000	0.000	0.346**	0.232**	0.000
	HG^2[e]	0.852**	0.884**	0.970**	0.917**	0.862**

注：a. 加性方差比率，b. 显性方差比率，c. 剩余方差比率，d. 狭义遗传率，e. 广义遗传率

4. 经济性状的遗传分析

皮棉产量、主要产量构成因子、纤维品质性状加性方差比率均达显著，铃数、衣分、马克隆值、纤维长度加性方差比率及狭义遗传率均在 0.460 以上，表明这 4 个性状主要受加性效应控制，可以通过选择纯系来改良。杂交组合所有性状显性方差比率均达显著，铃重、皮棉产量、比强度显性方差比率及广义遗传率均在 0.490 以上，表明主要受显性效应控制，可以将这 3 个性状作为选择杂交组

合的重要指标(表 2-28)。进一步分析各亲本的加性效应,亲本P1、P7、P8、P9具有正向极显著的马克隆值加性效应,用它们作亲本会使棉花纤维增粗。亲本P1、P2、P4具有正向显著或极显著的纤维长度加性效应,表明用它们作亲本可以增加后代的纤维长度。亲本P1、P4具有正向显著的比强度加性效应,用它们作亲本可以提高后代的比强度(表 2-29)。根据亲本农艺性状加性效应聚类分析,并根据棉花杂交配组实践,亲本之间差异不能太大、互补性状只能1～2个。

表 2-28　经济性状的遗传分析

参数	单株铃数	铃重	衣分	皮棉产量	马克隆值	纤维长度	比强度
V_A/V_P[a]	0.477**	0.150**	0.468**	0.207**	0.724**	0.518**	0.203**
V_D/V_P[b]	0.243**	0.532**	0.257**	0.744**	0.177**	0.339**	0.492**
V_e/V_P[c]	0.280**	0.318**	0.275**	0.049*	0.099**	0.143**	0.306**
hG^2[d]	0.477**	0.150**	0.468**	0.207**	0.724**	0.518**	0.203**
HG^2[e]	0.720**	0.682**	0.725**	0.951**	0.901**	0.857**	0.694**

注:a. 加性方差比率;b. 显性方差比率;c. 剩余方差比率;d. 狭义遗传率;e. 广义遗传率

表 2-29　亲本及杂交组合经济性状的加性效应预测值

亲本	单株铃数	铃重	衣分	皮棉产量	马克隆值	纤维长度	比强度
P1	−3.951**	0.017	0.703**	0.602**	0.085**	0.337*	0.246*
P2	−0.976	0.091*	−0.231	0.154	−0.053	0.283**	0.158
P3	−0.583	0.069	−0.700**	−0.702**	−0.323**	0.507	0.943
P4	−0.730	−0.017	−0.792**	−0.651**	−0.393**	1.135**	1.095*
P5	2.851**	−0.167*	−0.001	−0.055	−0.011	−0.179*	−0.483
P6	2.969**	−0.074	0.850**	−0.116	0.124	−0.655*	−1.206*
P7	−0.358	0.116	−0.373*	0.433**	0.203**	−0.181	−0.281

续表

亲本	单株铃数	铃重	衣分	皮棉产量	马克隆值	纤维长度	比强度
P8	1.507*	0.023	0.859**	0.221**	0.210**	−0.775**	−0.628
P9	−0.459	−0.057	−0.314	0.113	0.158**	−0.472**	0.156
组合	单株铃数	铃重	衣分	皮棉产量	马克隆值	纤维长度	比强度
H17	−0.061	−0.001	0.712*	0.169	−0.042	−0.174	0.993
H18	−2.582**	0.112	0.611*	1.265**	0.219**	0.472*	−0.221
H19	−0.909	0.255+	0.209	0.663	−0.054+	−0.260	−0.529*
H27	−0.721	−0.014	−0.069	0.729	0.163*	0.471*	−0.523+
H28	−0.904	0.449+	1.260**	0.915*	0.207**	−1.120**	−1.483**
H29	−2.037	0.247**	1.087*	1.72**	0.221**	0.828**	0.207
H37	−1.055+	0.459**	0.102	0.904**	−0.024	1.631*	3.891*
H38	−1.705	0.318**	−0.047	0.090	−0.099	1.022*	3.676*
H47	−1.398*	0.086	−0.764	0.342	0.016	0.242	1.185**
H48	−3.919**	0.136	0.532+	0.390*	0.069*	0.146	1.075**
H57	−2.811**	0.011	0.463	0.410	−0.100*	−0.383+	−0.922**
H58	3.553*	−0.014	−0.264	0.144	−0.016	−0.287	0.125
H59	−1.790*	0.081	0.906	2.083**	0.047	0.465**	2.025**
H67	−2.206*	−0.001	0.423	1.366**	0.113	0.099	−0.897*
H68	2.287+	−0.052	−0.500*	−0.255	0.295**	−1.203**	−1.638**
H69	0.686	0.122*	−0.094	1.055*	0.022	−0.910*	−1.420**

注：+、*、** 分别表示10%、5%、1%显著水平

5.经济性状的杂种优势分析

除单株铃数外，其他性状杂种优势平均值正向极显著。F_1 铃重正向极显著超亲优势，皮棉产量表现正向超亲优势。单株铃数、

马克隆值、纤维长度超亲优势表现为负向极显著，衣分和比强度表现负向超亲优势（表2-30）。

表2-30　杂交组合 F_1 经济性状的杂种优势平均值

参数	铃数	铃重	衣分	皮棉产量	马克隆值	纤维长度	比强度
Hpm$(F_1)^a$	-0.157**	0.077**	0.019**	0.129**	0.030**	0.009*	0.032**
Hpb$(F_1)^b$	-0.302**	0.051**	-0.003	0.089	-0.025**	-0.024**	-0.001

$(F_1)^a$ 表示群体平均优势，$(F_1)^b$ 表示群体超亲优势。*、** 分别表示5%、1%显著水平

6. 产量构成因子的遗传贡献率分析

单株铃数、单铃重及衣分对皮棉产量表现型方差的贡献率均为正向极显著，衣分(0.461)最高。对皮棉产量加性方差的贡献率仅衣分为下向极显著。单株铃数、单铃重、衣分对皮棉产量显性方差的贡献率均为正向极显著，单铃重(0.621)最高（表2-31）。

表2-31　皮棉产量及产量构成因子遗传方差分量的贡献值

参　数	铃　数	铃　重	衣　分
CRP(C-Y)a	0.306**	0.348**	0.461**
CRA(C-Y)b	-0.466	-0.551	0.103**
CRD(C-Y)c	0.540**	0.621**	0.578**

注：a. 产量构成因子对皮棉产量表现型方差的贡献率；b. 产量构成因子对皮棉产量加性方差的贡献率；c. 产量构成因子对皮棉产量显性方差的贡献率

7. 不完全双列杂交试验小结

抗氧化酶系（SOD、POD、APX、CAT）及 MDA 含量可考虑用于选择 F_1 组合。苗蕾、初花、盛花期 C/N 和 N 含量以显性为主，可以考虑选择杂交组合；初花、盛花、始絮期 K 加性效应高的亲本

配制的杂交组合有利于获得较高的皮棉产量。

单株总铃数、单铃重、衣分主要受加性效应控制，可以通过选择纯系来改良。皮棉产量的加性贡献率主要来自衣分，显性贡献率最大的是单铃重。

亲本1可以作为常规棉亲本来提高后代皮棉产量和纤维品质。亲本8可以作为转基因亲本来提高后代衣分和皮棉产量。16个组合中皮棉产量正向达显著或极显著显性效应的组合有8个。依次是H18、H28、H29、H37、H48、H59、H67、H69。

三、Bt基因抗虫棉与常规棉双列杂交的遗传分析

(一)试验布局

1. 试验材料

以4个常规陆地棉品系(P1～P4)和5个转基因抗虫棉品系(P5～P9)为亲本按NCⅡ双列杂交设计配置，20个组合(表2-32)。

表2-32 常规陆地棉与转基因抗虫棉亲本材料NCⅡ设计

亲本		外4	B9抗	E29	太抗	黄岗抗
		P5	P6	P7	P8	P9
太D常	P1	H15	H16	H17	H18	H19
荆88-38反	P2	H25	H26	H27	H28	H29
慈96-31	P3	H35	H36	H37	H38	H39
慈96-14	P4	H45	H46	H47	H48	H49

2. 田间试验设计

试验于2011年在慈溪市格林园省级区试站进行。4月5日播种，4月30日移栽。种植密度28 500株/hm^2。小区面积6.67m^2。田间管理水平略高于当地大田水平，9月中旬调查农艺性状，采摘标准铃考种、测试。

（二）调查项目

1. 取样与分析

苗蕾期田间系绳定株。分别在初花、盛花、始絮3个生育期上午在田间每小区取功能叶（倒3叶），测定各期叶绿素（a、b、a+b、a/b）、可溶性蛋白含量、抗氧化酶活性（SOD、POD、CAT、APX）、MDA、可溶性糖、氮、磷、钾含量。

2. 数据处理

同不完全双列杂交。

（三）试验结果

1. 生理生化的平均表现

12个生理生化性状（a、b、a/b、SOD、POD、CAT、APX、MDA、N、P、K、C/N）如表2－33、表2－34所示，差异均达到极显著水平。其中，亲本及杂交组合F_1叶绿素a、叶绿素b、POD随着棉株生长发育进程其值逐步增大趋势，MDA水平也随增大趋势；亲本及杂交组合F_1的a/b、SOD、P、K的变化趋势一致，盛花期升高，始絮期下降；而APX、CAT、C/N变化趋势不很明显。

表2－33　不同生育期亲本及F_1若干生理性状的平均表现

时期	品系	叶绿素a	叶绿素b	a/b	C/N	N	P	K
初花	P	1.11**	0.21**	2.20**	1.97**	1.91**	1.68**	0.81**
	F_1	1.11**	0.21**	2.45**	1.19**	2.16**	1.14**	1.01**
盛花	P	1.49**	0.40**	2.71**	7.80**	4.41**	2.40**	0.67**
	F_1	1.29**	0.28**	2.64**	9.00**	4.47**	1.60**	0.85**
始絮	P	1.80**	0.55**	2.16**	14.96**	2.11**	1.11**	0.46**
	F_1	1.77**	0.56**	2.17**	5.76**	2.16**	1.09**	0.51**

表 2－34　不同生育期亲本及 F1 抗氧化酶及 MDA 的平均表现

时期	品系	SOD	POD	MDA	APX	CAT
初花	P	819.18**	4.25**	9.41**	0.25**	1.07**
	F_1	711.58**	2.12**	10.27**	0.55**	1.16**
盛花	P	824.57**	16.11**	11.47**	0.07**	1.60**
	F_1	779.16**	14.71**	11.88**	0.26**	1.00**
始絮	P	170.66**	19.47**	24.80**	0.09**	1.56**
	F_1	109.75**	25.91**	24.16**	0.46**	1.10**

注：** 表示达 1％显著水平

2.经济性状的平均表现

如表 2－35、表 2－36 所示，亲本基因型产量构成因子性状均达显著或极显著水平，纤维品质仅长度达显著水平；杂交组合 F_1 产量构成因子除衣分外均达显著或极显著水平，纤维品质 3 项均达极显著水平。

表 2－35　亲本及 F_1 皮棉产量、主要产量构成因子的平均表现

品系	铃数	铃重	衣分	皮棉产量
P	39.142**	5.194**	0.445*	—
F_1	39.729**	5.570**	0.449	20.893**

注：* 表示达 5％显著水平；** 表示达 1％显著水平

表 2－36　亲本及 F_1 纤维品质性状的平均表现

品系	马克隆值	纤维长度	比强度
P	28.256	5.478	26.609*
F_1	30.188**	5.375**	29.256**

注：* 表示达 5％显著水平，** 表示达 1％显著水平

3. 生理生化性状的遗传分析

遗传效应分析，生理生化指标受微环境和随机影响较大，与不完全双列杂交试验研究吻合。如表 2-37、表 2-38 所示，从遗传率的估算值分析，盛花期 CAT 和 APX 普通狭义遗传率在 0.400 以上，可在早代进行选择；其他的均在 0.400 以下，早代选择效果不佳。除了初花期 P、盛花期叶绿素 a 和叶绿素 b 外，其他生理生化指标 3 个时期的广义遗传率均在 0.400 以上，表明这些指标在当年当地，可以利用杂种优势，与不完全双列杂交试验大部分相吻合。

表 2-37 不同生育期若干生理性状的遗传分析

时期	参数	a	b	a/b	C/N	N	P	K
初花	V_A/V_P[a]	0.145**	0.127**	0.192**	0.141**	0.067**	0.165**	0.000
	V_D/V_P[b]	0.519**	0.521**	0.415**	0.807**	0.461**	0.246**	0.655**
	V_e/V_P[c]	0.226**	0.221**	0.191**	0.051	0.471**	0.288**	0.245**
	hG^2[d]	0.145**	0.127**	0.192**	0.141**	0.067**	0.165**	0.000
	HG^2[e]	0.664**	0.668**	0.708**	0.948**	0.518**	0.611**	0.655**
盛花	V_A/V_P[a]	0.354**	0.312**	0.000	0.000	0.000	0.000	0.000
	V_D/V_P[b]	0.194**	0.270**	0.785**	0.837**	0.544**	0.681**	0.719**
	V_e/V_P[c]	0.452**	0.417**	0.215**	0.163**	0.456**	0.319**	0.281**
	hG^2[d]	0.354**	0.312**	0.000	0.000	0.000	0.000	0.000
	HG^2[e]	0.548**	0.583**	0.785**	0.837**	0.544**	0.681**	0.719**
始絮	V_A/V_P[a]	0.210**	0.198**	0.000	0.000	0.000	0.000	0.102**
	V_D/V_P[b]	0.427**	0.480**	0.784**	0.970**	0.682**	0.790**	0.489**
	V_e/V_P[c]	0.151**	0.111**	0.116**	0.020	0.217**	0.110**	0.409**
	hG^2[d]	0.210**	0.198**	0.000	0.000	0.000	0.000	0.102**
	HG^2[e]	0.748**	0.779**	0.784**	0.970**	0.682**	0.790**	0.591**

注：a. 加性方差比率，b. 显性方差比率，c. 剩余方差比率，d. 狭义遗传率，e. 广义遗传率。* 表示达 5% 显著水平，** 表示达 1% 显著水平

表 2-38 不同生育期抗氧化酶及 MDA 的遗传分析

时期	参数	SOD	POD	MDA	APX	CAT
初花	V_A/V_P[a]	0.000	0.174**	0.000	0.000	0.000
	V_D/V_P[b]	0.650**	0.641**	0.876**	0.891**	0.901**
	V_e/V_P[c]	0.250**	0.085**	0.114**	0.109**	0.098**
	hG[2d]	0.000	0.174**	0.000	0.000	0.000
	HG[2e]	0.650**	0.915**	0.876**	0.891**	0.901**
盛花	V_A/V_P[a]	0.000	0.297**	0.085**	0.543**	0.432**
	V_D/V_P[b]	0.900**	0.629**	0.677**	0.440**	0.482**
	V_e/V_P[c]	0.100**	0.074**	0.239**	0.017**	0.087**
	hG[2d]	0.000	0.297**	0.085**	0.543**	0.432**
	HG[2e]	0.900**	0.926**	0.761**	0.983**	0.913**
始絮	V_A/V_P[a]	0.014	0.000	0.042	0.181**	0.192**
	V_D/V_P[b]	0.721**	0.974**	0.572**	0.698**	0.711**
	V_e/V_P[c]	0.142**	0.016	0.284**	0.111**	0.085**
	hG[2d]	0.014	0.000	0.042	0.181**	0.192**
	HG[2e]	0.757**	0.974**	0.616**	0.879**	0.915**

注:a.加性方差比率,b.显性方差比率,c.剩余方差比率,d.狭义遗传率,e.广义遗传率。* 表示达 5%显著水平,** 表示达 1%显著水平

4.经济性状的遗传分析

产量及产量构成因子的各项方差分量占表型方差的比率及遗传率分析。铃数、铃重及皮棉产量加性方差比率均在 0.400 以上,表明这 3 个性状主要受加性效应控制,可以通过选择纯系来改良。铃数的显性方差比率在 0.400 以上,它还受显性效应控制,表明可以将单株铃数作为选择亲本和杂交组合的重要指标(表 2-39)。

表 2－39　经济性状的遗传分析

参　　数	单株铃数	铃　　重	衣　　分	皮棉产量
V_A/V_P[a]	0.427**	0.890**	0.291**	0.701**
V_D/V_P[b]	0.409**	0.094**	0.000	0.159**
V_e/V_P[c]	0.155**	0.015	0.609**	0.040*
hG^2[d]	0.427**	0.890**	0.291**	0.701**
HG^2[e]	0.845**	0.985**	0.291**	0.960**

注：a. 加性方差比率，b. 显性方差比率，c. 剩余方差比率，d. 狭义遗传率，e. 广义遗传率。* 表示达 5%显著水平，** 表示达 1%显著水平

进一步分析各亲本的加性效应。亲本 P3、P9 有正向极显著的皮棉产量加性效应，说明 P3 可以作为常规亲本来提高后代的皮棉产量，P9 可以作为抗虫亲本来提高后代的皮棉产量。亲本 P2、P6、P8 具有正向极显著的单铃重加性效应，表明用它们作为亲本可以不同程度增加后代的单铃重。亲本 P3、P7、P8 具有正向极显著的单株铃数，表明用它们作为亲本可以增加后代的单株结铃数（表 2－40）。

表 2－40　亲本及杂交组合经济性状的加性效应预测值

亲　　本	单株铃数	铃　　重	皮棉产量
P1	−0.669	−0.112**	−0.661**
P2	−1.920**	0.445**	−0.616**
P3	1.619**	−0.151**	1.588**
P4	0.981	−0.070**	−0.201**
P5	0.561	−0.127**	−0.451**
P6	−2.840**	0.179**	−0.111
P7	1.641*	−0.111**	−0.055
P8	1.291*	0.169**	0.171
P9	0.147	−0.100**	0.456**

续表

组　　合	单株铃数	铃　　重	皮棉产量
H15	−2.472**	−0.096**	−0.402
H16	0.648	0.017	0.575**
H17	9.685**	0.083**	−0.185
H18	−0.419	−0.086**	−0.366*
H19	5.249	−0.138**	−0.438*
H25	1.041*	−0.043*	−1.050**
H26	−1.112**	0.206**	0.388
H27	−4.887**	−0.047**	−1.072**
H28	−0.778	0.126**	0.555**
H29	1.061*	0.193**	0.407+
H35	0.715	−0.001	0.570*
H36	−1.087*	−0.084**	0.141
H37	−2.521**	−0.110*	0.689+
H38	4.417**	0.118**	−0.045
H39	−1.191+	−0.071*	0.605*
H45	1.259*	0.006	0.323**
H46	−4.794**	0.036	−1.252**
H47	1.278*	−0.035	0.501**
H48	−1.274*	0.006	0.066
H49	−1.058	−0.082+	−0.011

注：+、*、** 分别表示达 10%、5%、1%显著水平

5.经济性状的杂种优势分析

20 个杂交组合 F_1 代经济性状的杂种优势平均值表示，铃重、比强度的杂种优势平均值表现正向极显著，其余性状均为负向极

显著。值得一提的是：棉花杂种优势利用在获得较高皮棉产量的同时，能保持纤维品质不变，这里的研究在增强比强度的同时，略微降低了马克隆值（表2－41）。

表2－41　杂交组合 F_1 经济性状的杂种优势平均值

参数	铃　数	铃　重	衣　分	马克隆值	纤维长度	比强度
$Hpm(F_1)^a$	－0.016	0.040**	－0.001	－0.018**	－0.012**	0.063**
$Hpb(F_1)^b$	－0.120**	－0.023	－0.021**	－0.030**	－0.041**	0.038

注：$(F_1)^a$ 表示群体平均优势，$(F_1)^b$ 表示群体超亲优势。*、** 分别表示达5%、1%显著水平

6.遗传贡献率分析

（1）铃空间分布组成对铃数的遗传贡献率分析。铃空间分布，无论是横向部位还是纵向部位，其表现型的贡献率均为正向极显著。尤其是外围铃数（0.830）和中部铃（0.843）贡献率较大。横向部位、纵向部位分布的铃数对单株铃数均有加性贡献率，外围铃数（0.977）和中部铃（0.935）贡献率较大，且其加性贡献率高于表现型贡献率，表明可以通过外围铃、中部铃的间接选择来改良选系的单株铃数，特别是外围铃也是反映亲本的生产潜力之一（表2－42、表2－43）。

表2－42　皮棉产量及产量构成因子遗传方差分量的贡献值

参　　数	内围铃	外围铃	上部铃	中部铃	下部铃
$CR_{P(C-B)}{}^a$	0.147**	0.830**	0.413**	0.843**	0.451**
$CR_{A(C-B)}{}^b$	0.095**	0.977**	0.440**	0.935**	0.712**
$CR_{D(C-B)}{}^c$	0.008**	0.693**	0.304**	0.766**	0.102**

注：a.产量构成因子对单株铃数表现型方差的贡献率；b.产量构成因子对单株铃数加性方差的贡献率；c.产量构成因子对单株铃数显性方差的贡献率。* 表示达5%显著水平，** 表示达1%显著水平

表 2-43 铃空间分布组成对亲本、杂交组合铃数各遗传方差分量的贡献值

亲本	Ai[a]			Ai(C—B)[b]		
	铃　数	内围铃	外围铃	上部铃	中部铃	下部铃
P1	−0.669	−0.082**	−1.435**	−1.774**	−0.717	−0.376**
P2	−1.920**	−0.339**	−1.705**	−0.707	−2.382**	−1.785**
P3	1.619**	0.896**	3.639**	0.392**	3.791**	4.399**
P4	0.981	−0.609**	2.757**	2.602**	1.835	0.146**
P5	0.561	−0.118**	0.219**	−1.397**	0.872**	0.825**
P6	−2.840**	−0.228**	−3.970**	−1.860	−3.827**	−2.076
P7	1.641*	−0.782**	0.833**	0.129**	1.061**	−0.347**
P8	1.291*	1.459**	−0.026	1.348**	0.074**	−0.046**
P9	0.147	0.197**	−0.313**	1.266**	−0.706**	−0.739**
组合	Dij[a]			Dij(C—B)[b]		
	铃　数	内围铃	外围铃	上部铃	中部铃	下部铃
H17	9.685**	0.940**	6.563	4.005**	7.775**	0.610**
H25	1.041*	0.451	0.361	2.632**	1.674**	−2.661**
H29	1.061*	1.500**	−1.651**	0.656**	1.589*	−0.560**
H38	4.417**	0.493**	2.085**	1.652**	3.032*	0.303**
H45	1.259*	0.875**	−0.636**	2.629**	−0.750**	−0.922**
H47	1.278*	−0.083**	2.522**	2.539**	0.923**	−0.305**

注:a. 第 i 个亲本单株铃数的加性效应预测值,b. 铃分布对第 i 个亲本单株铃数加性效应的贡献值。a 组合 Hij 单株总铃数的显性效应预测值,b 铃空间分布对组合 Hij 单株总铃数显性效应的贡献值。* 表示达 5% 显著水平,** 表示达 1% 显著水平

单株亲本铃数正向显性效应的有 6 个,其中,3 个达极显著或显著,依次为 P3、P7、P8。

铃空间分布对杂交组合单株铃数显性贡献率发现，20个杂交组合中有9个组合正向显性效应，其中，有6个达极显著或显著水平，负向的有11个。正向前4位的依次是H17、H38、H47、H45。

(2)产量及产量构成因子的遗传贡献率分析。产量及产量构成因子的遗传贡献率分析，单株铃数(0.273)、衣分(0.197)、铃重(0.086)表现型方差正向极显著。除衣分外单株铃数、铃重还表现极显著的加性与显性效应。表明可以通过铃数、衣分来作为选择产量的间接指标(表2-44)。

表2-44　产量及产量构成因子的各遗传方差分量的贡献值

参　数	铃　数	铃　重	衣　分
$CR_{P(C-Y)}$ [a]	0.273**	0.086**	0.197**
$CR_{A(C-Y)}$ [b]	0.371**	0.054**	0.282**
$CR_{D(C-Y)}$ [c]	0.044**	0.179**	-0.007

注：a.经济性状对皮棉产量表现型方差的贡献率；b.经济性状对皮棉产量加性方差的贡献率；c.经济性状对皮棉产量显性方差的贡献率。*表示达5%显著水平，**表示达1%显著水平

7.完全双列杂交试验小结

铃数、铃重及皮棉产量主要受加性效应控制，可以通过选择纯系来改良。对于亲本而言，铃数加性方差比率主要来自内围铃和中部铃。对于杂交组合而言，单株铃数的贡献主要来自于外围铃和中部铃数。皮棉产量的加性贡献率主要来自铃数和衣分。

亲本P3作为常规棉花亲本可以提高后代的皮棉产量，亲本P9作为转基因抗虫亲本可以提高后代的皮棉产量。20个杂交组合中，皮棉产量正向显著或极显著效应的组合有7个：H39、H16、H35、H28、H47、H45。

第三章　慈杂系列抗虫棉品种培育及相关性状

第一节　慈抗杂 3 号

一、选育过程

抗虫杂交棉新组合慈抗杂 3 号的选育是以慈 96－5 为母本，以 WH－1 为父本配制的杂交组合，于 1996 年配制而成。其中，母本慈 96－5 是慈溪市农科所慈 96－6 的姐妹系，慈 96－6 是以泗棉 3 号为母本，慈 90－100（中棉所 12 选得的优系）为父本杂交后，冬季南繁加代和枯萎病病圃连续多年定向选育而成的中熟常规棉花新品系，2001 年通过浙江省农作物品种审定委员会审定。父本 WH－1 是国抗棉 1 号的棉花中选择的转 Bt 基因单株，经自交后保种。

该组合 1997 年参加慈溪市农科所棉花品种比较试验，1998 年参加浙江省棉花育种攻关组联试，并参加江山市和江苏省农科院经作所杂交棉比较试验，其丰产性、纤维品质表现较好。1999—2000 年参加浙江省区试、长江流域棉花区试，并且在宁波、衢州、金华市等地试种。2001 年参加浙江省、长江流域棉花生产试验及全国棉花新品种展示。2002 年后继续在慈溪、金华、江山等地试种。

二、相关性状

（一）丰产性

1. 区域试验表现

1998 年参加浙江省联试等小区试验中，慈抗杂 3 号皮棉产量比对照增产 13.17%～29.38%。1999～2000 年参加区试，浙江省区试中，两年皮棉产量分别比泗棉 3 号分别增产 9.50% 和 8.65%，两年均达显著水平，2001 年生产试验比泗棉 3 号增产 24.22%；长江流域区试中，1999 年皮棉产量比对照中 29 增产 6.83%，2000 年比对照泗棉 3 号增产 14.15%，达显著差异，2001 年生产试验比各省的当家品种增产 19.07%(表 3－1)。

表 3－1　慈抗杂 3 号小区试验产量表现

试验组别	年份	籽棉产量 (kg/hm²)	比 CK± (%)	皮棉产量 (kg/hm²)	比 CK± (%)	对照品种
浙江省联试	1998	3 544.0	+29.74	1 457.7	+29.38	泗棉 3 号
浙江省江山市杂交棉品试	1998	3 505.5	+12.90	1 546.5	+13.17	苏棉 8 号
江苏省农业科学院杂交棉品试	1998	2 706.2	+29.13	1 123.4	+26.93	泗棉 3 号
浙江省区试	1999			1 632.0	+9.50	泗棉 3 号
浙江省区试	2000			1 568.4	+8.65	泗棉 3 号
浙江省生产试验	2001			1 554.0	+24.22	泗棉 3 号
长江流域区试	1999	3 388.5	+5.11	1 413.3	+6.83	中棉所 29
长江流域区试	2000	3 608.3	+25.17	1 471.5	+14.15	泗棉 3 号
长江流域生产试验	2001	3 888.8	+22.47	1 611.0	+19.07	各省对照

2. 生产示范试验表现

慈抗杂 3 号 F_1 代在各地生产示范试种中增产明显。皮棉产量比常规种泗棉 3 号增产 19.03%～60.71%，比湘杂棉 2 号等杂交组合增产 3.07%～38.35%；2003 年江山市石门镇新群村毛章标农户高产示范田块，截至 11 月 21 日，专家实地测产皮棉达 3 091.5kg/hm²(即 206.1kg/亩)，最后实收皮棉达 3 199.40kg/hm²

(即213.29kg/亩)(表3-2)。与此同时,F_2代仍有较好的增产潜力。据慈溪市农业科学研究所1997—2000年4年病圃比较,慈抗杂3号F_2代皮棉产量1 142.25kg/hm^2,比对照泗棉3号增产19.28%,1999年江山市试种中,皮棉产量1 234.50kg/hm^2,比对照苏棉8号增产17.52%。2000年余姚试种中,皮棉产量1 018.50kg/hm^2,比对照泗棉3号增产9.34%。2001年金华市金东区塘雅村13户种植1.24hm^2,平均皮棉产量1 449.0kg/hm^{2}比对照(泗棉3号8户0.56hm^{2}皮棉产量1 245.60kg/hm^2)增产16.33%。

表3-2　慈抗杂3号各地生产示范试种产量表现

试种年份	地点	面积(hm^2)	皮棉产量(kg/hm^2)	对照品种	比CK±%
1999	金华	0.080	1 695.0	泗棉3号	+23.50
				中棉所29	+7.55
	宁海	0.100	1 762.5	中棉所28	+30.41
				湘杂棉2号	+3.07
2000	慈溪	0.353	1 939.5	慈96-6	+38.35
	江山	3.387	1 923.0	苏棉8号	+15.26
	金华	0.773	1 651.5	泗棉3号	+19.03
		0.069	1 968.0	泗棉3号	+41.84
2001	江山	0.547	1 968.0	慈抗杂3号(F_2)	+10.81
	金华	1.333	2 019.0	标杂A	+8.89
2002	金华	6.667	1 402.5	中棉所29	+36.30
	慈溪	6.667	1 350.0	泗棉3号	+60.71
2003	江山	0.103	3 838.5	截至11月21日专家测产皮棉3 091.5kg/hm^2(206.1kg/亩)	
		0.430	3 187.5		
		7.600	2 595.0		
	金华	1.253	2 437.5		

(二)抗虫性

1. 区域试验表现

抗棉铃虫鉴定在中国农业科学院棉花所植保室进行。参试品种种植于田间网室内(网室高不低于 1.8m、面积 $50m^2$),每材料 25 株,一罩笼为一重复,共 3 次重复,抗虫对照品种为 HG-BR-8。苗期防治棉蚜,其后不进行棉铃虫防治,罩笼前喷施广谱、残效短的杀虫剂一次,消灭所有害虫与天敌;罩笼后于现蕾期(棉田二代棉铃虫发生期)接虫,供试虫源为采自田间并经室内饲养的标准幼虫。羽化后的成虫在小罩笼内任其交配,并喂以 5%～10%的蔗糖水,3d 后选活力强的成虫,释放于种植鉴定材料的网室内,接虫量为 1～2 对/$10m^2$。接虫后第 3d 调查落卵量,第 10～15d 调查参试品种的蕾铃被害率、健蕾铃数和顶尖受害株数,分别计算蕾铃和顶尖受害百分率。最后以蕾铃被害减退率评价参试品种的抗虫性。试验结果表明,慈抗杂 3 号的蕾铃被害减退率为 85.96%,较抗棉铃虫。室内生物测定也表现出较好的抗虫性(表 3-3)。

表 3-3 长江流域区试抗红铃虫和抗棉铃虫鉴定结果

红铃虫				棉铃虫			
品种(组合)	蕾铃被害率(%)	比对照(±%)	抗级	品种(组合)	蕾铃被害率(%)	蕾铃被害减退率(%)	抗级
慈抗杂 3 号	1.58	-82.9	HR	慈抗杂 3 号	6.98	85.96	R
中棉所 12	9.25	—		HG-BR-8	49.66	—	

注:HR=高抗;R=抗虫

抗红铃虫鉴定由华中农业大学农学系用罩网接虫方法鉴定。试验采用随机区组设计,重复 3 次,单行区,行长 5m。8 月 3 日接虫(一代红铃虫高峰期)接虫,每平方米接成虫 1 头。并将抗虫性分为I(免疫)－100%，HR(高抗)－99.9%～－41.1%，R(抗虫)－40.9%～－20.1%，MR(中抗)－20.0%～－0.1%，S(感虫)0.0%～20.0%，HS(高感)≥20.1%。鉴定结果，慈抗杂3号红铃虫害率1.58%，比中棉所12号减退82.9%，抗红铃虫效果突出，级别为高抗(表3-3)。

2.其他试验表现

1998年慈溪市品比试验中，慈抗杂3号的三、四代棉铃虫蕾铃危害率分别为0.7915%和1.282%，蕾铃被害比泗棉3号分别减退88.74%和95.55%(泗棉3号三、四代棉铃虫蕾铃危害率分别为7.033%和28.819%)。1999年慈抗杂3号一、二代红铃虫花害率分别为1.97%和0.48%，三代红铃虫百铃籽棉含虫6.5条，明显低于泗棉3号(泗棉3号一、二代红铃虫花害率分别为56.74%、42.47%，三代红铃虫百铃籽棉含虫24.5条)。1998年慈抗杂3号 F_2 代三、四代棉铃虫蕾铃危害率分别为1.22%、5.708%，仍比泗棉3号减退82.56%、80.19%；2000年慈溪市抗虫棉品比试验中，慈抗杂3号(F_2)一代红铃虫花害率0.98%，三代百朵籽棉含虫4条，明显低于对照泗棉3号(泗棉3号一代红铃虫虫花率2.25%，三代百朵籽棉含虫13.7条)，二代红铃虫因田间发生量极少，无法系统统计。结合室内抗棉铃虫性能鉴定，慈抗杂3号 F_2 代五日龄幼虫存活率64.0%，校正死亡率达33.33%，从5日龄幼虫体长分析，残留活虫的平均体长与抗虫性能成反比，与金珠群等(2003)转基因抗虫棉新棉33B的抗虫性能报导相一致，即平均虫体长3.16mm、3.16～6.03mm、6.03～12.17mm，慈抗杂3号(F_2)幼虫存活率分别为16.0%、34.0%和14.0%(泗棉3号分别为0、42.0%和54.0%)。表明该组合 F_1、F_2 代对棉铃虫、红铃虫的抗虫性均较稳定。

3.纤维品质

(1)区域试验表现。慈抗杂3号的纤维品质较好(表3-4)。据1999—2000年浙江省区试棉样由农业部纤维检验中心检验，两年检验平均结果:2.5%纤维跨长28.8mm,整齐度47.4%,比强度22.6cN/tex,马克隆值4.4,气纱品质1944.9。比强度和气纱品质优于泗棉3号,2.5%纤维跨长、整齐度、马克隆值与泗棉3号相仿。1999—2000年长江流域区试棉样也由农业部纤维检验中心检验,两年检验平均结果:2.5%纤维跨长29.9mm,整齐度47.6%,比强度23.7cN/tex,马克隆值5.1,气纱品质1929。比强度和气纱品质明显优于泗棉3号和中棉所29,2.5%纤维跨长略短于中棉所29,与泗棉3号相仿,其他几项指标与对照间差异不大。

表3-4 慈抗杂3号区域试验中纤维品质*表现

试验类型	年份	品种(组合)	2.5%纤维跨长(mm)	整齐度(%)	比强度(cN/tex)	伸长率(%)	马克隆值	反射率(%)	黄度	环缕纱强(lbf)	气纱品质
浙江省区试	1999	慈抗杂3号	28.8	46.3	22.4	6.4	4.4	74.2	9.4	118	1 941
		中棉所29	28.9	45.6	20.6	6.5	4.3	75.6	8.6	114	1 878
		泗棉3号	29.5	45.0	20.7	7.0	4.4	75.4	9.0	115	1 886
	2000	慈抗杂3号	28.8	48.5	22.8	6.3	4.4	74.1	9.0	124	1 949
		中棉所29	29.1	49.1	23.4	6.0	4.5	74.4	9.0	127	1 962
		泗棉3号	29.6	49.0	21.1	6.8	4.4	73.9	9.4	122	1 877
长江区试	1999	慈抗杂3号	30.2	45.0	22.6	5.9	4.7	75.9	9.0	120	1 934
		中棉所29	30.3	44.5	21.6	6.1	4.6	76.5	8.6	118	1 905
	2000	慈抗杂3号	29.7	48.9	24.3	5.0	5.3	73.7	9.2	124	1 926
		泗棉3号	30.1	48.2	21.1	5.7	5.1	72.8	9.3	115	1 806

*纤维品质:ICC标准

(2)其他试验表现。浙江省联试纤维品质测试委托上海市纺织纤维检验所。测得纤维主体长度29.52mm,马克隆值5.33,比强度 23.87gf/tex(泗棉 3 号分别为 28.84mm、5.29、21.41gf/tex)。

慈抗杂 3 号(F_2)的纤维品质仍较好。2000 年慈溪市棉花品比试验中,棉样送农业部纤维检验中心检验,检验结果:2.5%纤维跨长 28.63mm,比强度 22.33cN/tex,马克隆值 4.75,整齐度 49.18%(泗棉 3 号分别为 29.65mm、20.10cN/tex、4.85、48.50%),F_2 代除 2.5%纤维跨长稍短外,其比强度、马克隆值、整齐度均优于泗棉 3 号。

(三)品种审定

本品种于 2005 年分别通过国家主要农作物品种审定委员会和浙江省主要农作物品种审定委员会审定,品种审定编号分别为国审棉 2005017、浙审棉 2005001。

慈抗杂 3 号品种主要性状表现:

区试中表现出苗较好,发苗较快,前期长势较强,结铃较多,铃较大,吐絮畅,衣分较高。长江流域区试两年平均,株高 96.7cm,果枝 16.8 台,单株结铃 19.8 个;单铃籽棉重 5.94g,衣分 41.10%,籽指 10.41g。枯萎病病指 20.4,黄萎病病指 34.9,抗枯萎病,耐黄萎病较抗棉铃虫,高抗红铃虫。2.5%跨长 29.9mm,比强度 23.7cN/tex,马克隆值 5.1,伸长率 5.3%,反射率 74.4%,黄度 9.1,整齐度 47.6%,环缕纱强 123,气纱品质 1929。该组合丰产性好,抗病虫性较好,纤维品质优良。

品种性状表现图见本书彩插。

第二节　慈杂 1 号

一、选育过程

抗虫杂交棉慈杂 1 号,母本为慈 96-6,它是慈溪市农业科学研究所以泗棉 3 号×慈 90-100(中棉所 12 的优系)的杂交后代,经南繁加代、改良集团选择、早代纤维品质测试、抗病性鉴定常规育种方法选育而成的常规棉新品种，2001 年 4 月通过浙江省审定。父本为 CZH－1，它是慈溪市农业科学研究所从国抗棉 1 号一个选系中选得的单株，经自交保种选育而成，该品系具有长势好、结铃率高等特点。慈杂 1 号于 1999 年配制杂交组合。在 2000—2002 年本所的棉花新品种比较试验中表现较好，2003—2004 年参加浙江省区域试验，2004 年参加省生产试验；2002—2004 年在金华、江山进行试种。

二、相关性状表现

（一）丰产性

慈杂 1 号在 2003 年浙江省区试中平均皮棉 1 605.0kg/hm^2，比对照（泗棉 3 号）增产 20.9％，达极显著水平。2004 年省区试中平均皮棉 1 525.5kg/hm^2，比对照（湘杂棉 2 号）增产 10.8％，两年平均皮棉 1 566.0kg/hm^2，比对照平均增产 15.7％。2004 年参加浙江省生产试验，平均皮棉 1 558.5kg/hm^2，比对照（湘杂棉 2 号）增产 16.5％。

该组合在试种示范中的表现也较好。2002 年在金华婺城区罗埠镇后张村汪云法试种 0.1hm^2，慈杂 1 号平均皮棉 2 166.0kg/hm^2，比对照中棉所 19 增产 16.1％；同年在江山石门镇试种 0.36hm^2，平均皮棉 2 262.0kg/hm^2。2003 年在金华婺城区蒋堂镇胡家村胡斌试种 0.133hm^2，平均皮棉 2 100.0kg/hm^2；同年在江山石门镇试种 2hm^2，平均皮棉 2 745.0kg/hm^2，其中，10 农户 1.109hm^2，平均皮棉达 2 752.5kg/hm^2。2004 年继续在金华和江山试种，其中金华试种 6.67hm^2，田间生长平衡，表现良好，9 月 10 日对 3hm^2 丰产畈田间调查，亩大桃 63 000 个，平均实收籽棉 2 005.5kg/hm^2；江山试种 4hm^2，亩大桃 69 200 个，平均实收籽棉 2 451.0kg/hm^2。

（二）抗虫性

根据抗虫棉转基因安全检测程序，南京农业大学植物保护学院检测慈杂 1 号抗虫基因 Cry1Ac 蛋白表达量、棉铃虫的田间抗性效率以及棉铃虫抗性稳定性和纯合度，通过 2005 年、2006 年两年的检测结果:2005 年 6 月、7 月、8 月四期叶片抗虫基因 Cry1Ac 蛋白表达量分别为 2 733.9、2 595.0、2 281.0、2 278.0ng/g,即叶片杀虫蛋白的表达量相对保持恒定;蕾中表达的杀虫蛋白含量为 560.6ng/g,铃高达 1484.4ng/g,花中表达量为 226.4ng/g。与常规非抗虫棉苏棉 9 号相比,慈杂 1 号在田间三代、四代棉铃虫发生时表现出明显的抗虫效果,蕾铃被害率显著低于对照苏棉 9 号。2006 年采集慈杂 1 号叶片室内生物饲喂,不同生育期对棉铃虫的抗虫效果分别为 99.0%、96.8%、89.1%及 80.5%,抗虫纯合度为 100%中,生物测定的结果表明慈杂 1 号对棉铃虫抗性稳定性好,纯合度高。2006 年慈杂 1 号田间蕾、铃被害率及百株残留虫数量在 8 月 1 日均为 0,8 月 28 日的蕾、铃被害率为 0.3%和 0,百株残留虫数量为 1,对照常规非抗虫棉苏棉 9 号在 8 月 1 日的蕾、铃被害率分别是 0.9%和 0.3%,8 月 28 日的蕾、铃被害率分别是 3.8%和 1.1%,百株残留虫数量为 21,与常规棉苏棉 9 号相比,慈杂 1 号在田间对棉铃虫有很好的抗虫效果。2005—2006 年 4 项指标全部合格,2006 年 12 月申报取得慈杂 1 号转基因抗虫棉的生产应用安全证书。

(三)抗病性

2003 年经萧山棉麻所枯萎病鉴定结果:慈杂 1 号苗期、蕾期的枯萎病病指分别为 3.50、2.17,后期劈秆病指 3.39,属高抗枯萎病。2004 年萧山棉麻所枯萎病鉴定结果:慈杂 1 号苗期、蕾期的枯萎病病指分别为 20.58、0.93,后期劈秆病指 3.54。两年平均:慈杂 1 号苗期、蕾期的枯萎病病指分别为 12.04、1.55,后期劈秆病指 3.47,属高抗枯萎病。

(四)纤维品质

慈杂 1 号的纤维品质较好。浙江省区试两年纤维品质统一由农业部纤维检验中心检验,2003 年检验结果:慈杂 1 号纤维长度 30.0mm,整齐度 84.4%,比强度 31.5cN/tex,马克隆值 4.5,黄度 8.3,纺纱均匀性指数 146.7。其中,纤维长度、整齐度、比强度、黄度和纺纱均匀性指数均明显优于泗棉 3 号,马克隆值与泗棉 3 号相当。2004年检验结果：慈杂1号纤维长度31.0mm，整齐度84.9%，比强度29.4cN/tex，马克隆值4.7，黄度8.5，纺纱均匀性指数142.7。两年平均：慈杂1号纤维长度30.5mm，整齐度84.7%，比强度30.5cN/tex，马克隆值4.6，黄度8.4，纺纱均匀性指数144.7。

三、品种审定

本品种于2007年通过浙江省主要农作物品种审定委员会审定，品种审定编号为浙审棉2007001。

慈杂1号品种主要表现：

慈杂1号为中熟类型棉花杂交棉新品种，苗期植株长势一般，蕾期开始长势较旺。全生育期128～130d，比泗棉3号长1d，比湘杂棉2号短1.5～2d左右；株型筒型偏塔式；叶片中等大小，叶色稍深，叶缘缺刻较深；结铃性强而集中，铃椭圆，吐絮畅，絮洁白。单铃重5.3g左右，衣分41.8%，籽指10.1g左右，纤维长度30.5mm，整齐度84.7%，比强度30.5cN/tex，马克隆值4.6，黄度8.4，纺纱均匀性指数144.7。慈杂1号苗期、蕾期的枯萎病病指分别为12.04、1.55，后期劈秆病指3.47，属高抗枯萎病。

品种性状表现图见本书彩插。

第三节　慈杂6号

一、选育过程

慈杂6号是以慈90-100为母本，CZH-3为父本配制而成的转基因抗虫棉杂交组合。其中，母本为慈90-100是中棉所12的优系选系，是慈溪市农业科学研究所采用系统选育与人工病圃加强选择的方法从中棉所12中选得优良单株育成的常规优系棉花。父本CZH-3来源于转Bt基因抗虫棉GK19，该品种经选育提高并自交保纯。

该组合于2003年冬天在海南配制组合，2004—2005年参加慈溪市农业科学研究所品比试验，2006年参加上虞和慈溪两点品比试验。2008—2009年参加浙江省棉花品种区域试验，2010年进入浙江省棉花品种生产试验，2010年在浙江金华、江山、慈溪试种示范。2010年在南京农业大学进行转基因生物安全评价检测。

二、相关性状表现

（一）丰产性

2008年浙江省棉花品种区域试验，平均皮棉1 906.5kg/hm^2，比对照慈抗杂3号减产1.2%，减产未达显著水平；2009年区试平均皮棉1 579.5kg/hm^2，比对照慈抗杂3号增产7.8%，达极显著水平。2008—2009两年区试平均皮棉1 743.0kg/hm^2，比对照慈抗杂3号增产2.7%。2010年浙江省生产试验中慈杂6号平均皮棉1 966.5kg/hm^2，比对照慈抗杂3号增产4.1%。

该组合在生产示范中表现较好。2009年金华婺城区罗埠镇后张村农户汪云法种植0.067hm^2，平均皮棉1 866.0kg/hm^2，比湘杂棉8号增产6.9%。2010年金华汤溪镇农户种植0.33hm^2，慈杂6号平均皮棉可达1 744.5kg/hm^2；同年在江山市石门镇新群村王章敢农户种植0.267hm^2，慈杂6号平均皮棉1 867.5kg/hm^2，比对照慈抗杂3号增产3.5%；同年在慈溪市坎墩镇沈五村沈家传农户种植0.37hm^2，比慈抗杂3号增产4.8%。

（二）抗虫性

2008年、2009年浙江省区试棉种经中国农业科学院生物技术研究所转基因抗虫性检测鉴定结果：平均抗虫株率为98%，为转基因抗虫棉品种。2010年南京农业大学植保学院对外源杀虫蛋白表达量检测，受检品种慈杂6号苗期、蕾期及铃期叶片中外源杀虫蛋白的含量分别为950.3、615.1、513.1ng/g（鲜重），均高于抗虫棉品种GK19，且差异显著；小蕾及小铃中的外源杀虫蛋白的含量分别为253.1、480.9ng/g（鲜重），与GK19无显著差异。对靶标害虫的抗虫性生物测定，在二、三、四代棉铃虫发生盛期，慈杂6号棉叶对棉铃虫抗性的校正死亡率分别为90.6%、82.4%、

75.6%,叶片受害级别分别为1级,1级,2级,综合评定抗性级别为2级(抗);慈杂6号与抗虫棉GK19相比,二、三、四代棉铃虫校正死亡率分别低3.1%、高0.8%、高3.2%,差异不显著。

(三)抗病性

2008年经浙江省农业科学院萧山棉麻研究所枯萎病抗性鉴定,苗期病指为36.67,蕾期枯萎病校正病指24.97,劈秆病指为17.32;2009年苗期病指为41.67,蕾期病指为10.98,劈秆病指为7.65,两年枯萎病抗性鉴定平均结果:苗期病指为39.2,蕾期病指为18.0,劈秆病指为12.5,耐枯萎病。

(四)纤维品质

2008年经农业部棉花品质监督检验测试中心测定结果:上半部纤维平均长度30.06mm,整齐度84.17%,马克隆值4.71,伸长率6.50%,反射率77.7%,黄度7.43,均匀度指数137.33,比强度29.00cN/tex;2009年经农业部棉花品质监督检验测试中心测定结果:上半度纤维平均长度29.80mm,整齐度85.85%,马克隆值5.07,伸长率4.95%,反射率78.45%,黄度8.08,均匀度指数148.50,比强度31.02cN/tex。2008—2009年浙江省区试平均结果:上半部纤维平均长度29.93mm,整齐度85.01%,马克隆值4.89,伸长率5.73%,反射率为75.08%,黄度7.74,纺纱均匀指数142.92,比强度30.01cN/tex。

三、品种审定

本品种于2012年通过浙江省主要农作物品种审定委员会审定,品种审定编号为浙审棉2012001。

慈杂6号品种主要性状表现:

慈杂6号出苗至吐絮的生育期为117.2d,比对照慈抗杂3号短1.0d。植株宝塔形,较紧凑,茎秆柔软有韧性,茸毛较多,叶片中等大小,果枝上举,花冠乳白色;铃卵圆形,中等略大,吐絮畅,絮色洁白,易采摘。平均株高119.4cm,单株果枝数17.3台,单株有效铃34.4个,单铃重5.8g,衣分42.7%,籽指10.2g。上半部纤维平均长度 29.93mm，整齐度 85.01%，马克隆值 4.89，伸长率 5.73%，反射率为 75.08%，黄度 7.76，纺纱均匀指数 142.92，断裂比强度 30.01cN/tex。苗期病指为 39.2，蕾期病指为 18.0，劈秆病指为 12.5，耐枯萎病。对棉铃虫、红铃虫均有较好与较稳定的抗性。

品种性状表现图见本书彩插。

第四节　慈杂 7 号

一、选育过程

转基因抗虫杂交棉慈杂 7 号由赣棉 11 号与 CZH－3 杂交配制而成。其亲本及选育过程如下：父本：为 CZH－3，该材料是从国抗棉 19 号(GK19)的棉花中选择的优系，经蕾期卡娜霉素与 PCR 扩增双重鉴定后剔除不抗虫株，自交保种。母本：为赣棉 11 号，是由江西省棉花研究所用泗棉 2 号/苏棉 2 号/中棉所 12 号复合杂交选育而成，2000 年通过江西省农作物品种审定委员会审定。

该组合于 2005 在浙江慈溪配制，2006 年参加上虞和慈溪两点品比试验。2008 年参加江西省棉花预试，2009—2010 年进入江西省棉花品种区域试验，2010 年进入江西省棉花品种生产试验。

二、相关性状

(一)丰产性

2009 年江西省棉花品种区域试验，平均籽棉 4 425.0kg/hm^2，居第 2 位，平均皮棉 1 929.0kg/hm^2，居第 2 位，比对照泗抗 3 号增产 1.2%，增产未达显著水平。2010 年平均籽棉 3 988.5kg/hm^2，平均皮棉 1 674.0kg/hm^2，比对照赣棉杂 1 号减产 9.1%，显著。2010 年生产试验籽棉 3 702.0kg/hm^2，比赣棉杂 1 号增产 6.10%；平均皮棉 1 477.5kg/hm^2，比对照增产 0.92%。

(二)抗虫性

区试材料由华中农业大学监测，为转基因抗虫棉。长江流域棉区生产应用的安全评价由南京农大植保学院2010年监测结果：二、三、代棉铃虫盛期，慈杂7号棉叶对棉铃虫抗性的校正死亡率分别为99.2%、90.0%、83.7%，比GK19抗虫棉分别高5.5%、8.4%、11.3%，差异显著；苗期、蕾期、铃期叶片中外源蛋白含量分别为3 597.2、2 731.0、1 541.9ng/g(鲜重)，小蕾及小铃中分别为1 563.1、1 313.2ng/g(鲜重)，极显著高于GK19主栽抗虫棉。

(三)抗病性

2009年江西省棉花所植保室采用室内苗期枯萎病抗性鉴定，相对病指，抗枯萎病。2010年结果相对病指3.1，高抗枯萎病。两年平均：相对病指5.5，抗枯萎病。

(四)纤维品质

农业部棉花品质检验测试中心2009年测定结果：上半部纤维平均长度29.8mm，整齐度85.5%，马克隆值5.1，伸长率5.5%，反射率76.7%，黄度8.2，均匀性指数149.5，比强度32.4cN/tex；2010年区试测定结果：上半部纤维平均长度30.8mm，整齐度86.0%，马克隆值4.8，伸长率4.4%，反射率74.9%，黄度7.5，均匀性指数154.8，比强度32.4cN/tex。2009—2010区域试验两年平均：纤维长度30.3mm，整齐度85.75%，比强度32.2cN/tex，伸长率4.95%，马克隆值4.95，反射率75.8%，黄度7.85，纺纱均匀度指数152.15。2010年生产试验：纤维长度31.2mm，整齐度85.7%，比强度31.8cN/tex，伸长率4.0%，马克隆值4.4，反射率78.0%，黄度7.3，纺纱均匀性指数158.3。

三、品种审定

本品种于2011年分别通过江西省主要农作物品种审定委员会审定，品种审定编号为赣审棉2011002。

品种主要性状表现：

本品种为转基因品种，生育期133.9d，比对照赣棉杂1号短5.3d。该品种出苗一般，苗势较弱，叶片较小、叶色较淡，株型呈塔形，茎秆茸毛多，铃卵圆形较小，吐絮畅，乳白花药，柱头平。对棉铃虫、红铃虫均有较好与较稳定的抗性。植株中等高度，株高120.7cm，单株结铃41.9个，单铃重5.15g，霜前花率80.9%，衣分42.78%，衣指8.0g，籽指10.6g。纤维品质(HVICC标准)：纤维平均长度30.3mm，整齐度85.8%，比强度32.2cN/tex，伸长率5.0%，马克隆值4.95，反射率75.8%，黄度7.85，纺纱均匀度指数152.2。枯萎病相对抗指5.5。

品种性状表现图见本书彩插。

第五节 慈杂8号

一、选育过程

慈杂8号是以慈99-3为母本，CZH-2为父本配制而成的转基因抗虫棉杂交组合。其中，母本慈99-3为常规棉，是慈90-100×泗棉3号的杂交后代；父本CZH-2来源于转Bt基因抗虫棉GK12。

2004年冬天在海南配制组合，2005—2006年参加慈溪市农业科学研究所品比试验，2007—2008年参加上虞和慈溪两点品比试验。2009年参加江西省棉花品种预备试验，2010—2011年进入江西省棉花区域试验，2011年升入江西省生产试验。

二、相关性状

(一)丰产性

2010年江西省区试籽棉4 186.5kg/hm^2，第1位；平均皮棉1 741.5kg/hm^2，比对照赣棉杂1号增产10.2%，显著，第1位，霜前皮棉1 480.5kg/hm^2，第3位。2011年江西省区试籽棉4 128.0kg/hm^2，第4位；平均皮棉1 692.0kg/hm^2，比对照赣棉杂1号增产5.3%，不显著，第7位，霜前皮棉1 461.0kg/hm^2，第7位。省区试两年平均：平均籽棉4 157.3kg/hm^2，平均皮棉1 717.5kg/hm^2，比对照赣棉杂1号增产7.7%。2011年生试平均籽棉4 797.0kg/hm^2，比对照赣棉杂1号增产8.2%；平均皮棉

1 945.5kg/hm²,比对照赣棉杂1号增产3.6%。

2012年江西省九江市都昌县试种,徐坪镇象山村种植0.33hm²,平均籽棉5 100.0kg/hm²,折皮棉产量2 166.0kg/hm²,比当地种植的赣杂棉1号增产5.3%。蔡岭镇凤凰村种植0.233hm²,平均皮棉产量1 848.0kg/hm²,比当地种植的泗抗3号增产5.9%。春桥乡官桥村种植0.33hm²,平均皮棉产量1 875.0kg/hm²,比常规棉品种增产15.2%。

(二)抗虫性

抗棉铃虫性强。苗期、蕾期和铃期叶片及蕾期小蕾、铃期小铃中Bt杀虫蛋白的含量分别为942.17、692.82、501.57、448.32、166.45ng/g,与抗虫棉阳性对照品种比较分别高362.39%、325.46%、797.10%、152.22%和13.93%,除铃期小铃未达显著,其余各期均极显著高于对照品种。在棉铃虫二、三、四代发生盛期,慈杂8号对棉铃虫的校正死亡率分别为79.27%、60.74%和77.04%,叶片受害级别为1.7、2.3和2.5级,综合评定抗性级别为抗(2.1级)。与对照品种相比校正死亡率分别增加27.48%、22.39%、51.82%,二代、三代发生期均达差异显著水平。

(三)抗病性

江西省棉花所植保室鉴定:2010年抗枯萎病,相对抗指5.1。2011年抗枯萎病,相对抗指8.1。2010—2011两年省区试平均:抗枯萎病,枯萎病相对抗指6.6。

(四)纤维品质

经农业部棉花品质监督检验测试中心测试,2010年省区试纤维长度31.0mm,整齐度85.1%,比强度30.1cN/tex,伸长率4.4%,马克隆值4.8,反射率73.6%,黄度7.6,纺纱均匀性指数144.0。2011年省区试纤维长度30.0mm,整齐度85.2%,比强度32.1cN/tex,伸长率为4.8%,马克隆值为5.2,反射率为79.4%,黄度为7.9,纺纱均匀性指数为148.7。2010—2011两年省区试平均:纤维长度30.5mm,整齐度85.2%,比强度31.1cN/tex,伸长率4.6%,马克隆值5.0,反射率76.5%,黄度7.75,纺纱均匀性指数146.4。2011年生产试验:纤维长度30.8mm,整齐度86.6%,比强度32.6cN/tex,伸长率5.2%,马克隆值5.3,反射率77.9%,黄度8.2,纺纱均匀性指数156.3。

三、品种审定

本品种于2014年通过江西省主要农作物品种审定委员会审定,品种审定编号为赣审棉2014002。

品种主要性状表现:

本品种为转基因品种,生育期138.4d,比对照赣棉杂1号迟熟0.3d。该品种植株塔形、较松散,株高123.8cm,出苗好,子叶较小,叶片缺刻中深,茎秆少茸毛,铃卵圆形,花药乳白色。单株结铃41.9个,单铃重5.0g,霜前花率85.7%,衣分41.3%,衣指8.3g,籽指11.3g。纤维品质(HVICC标准):平均长度30.5mm,整齐度85.2%,比强度31.1cN/tex,伸长率4.6%,马克隆值5.0,反射率76.5%,黄度7.75,纺织均匀性指数146.4。枯萎病相对抗指6.6。

品种性状表现图见本书彩插。

第六节 慈杂11号

一、选育过程

慈杂11号母本为荆55173,2007年由中国农业科学院棉花研究所种质库征集所得,2007年大田选优,当年冬季海南单株扩繁,2008年株行选优所得;父本为CZH-05,是由GK19选系经苗期、蕾期卡娜霉素鉴定、PCR扩增鉴定多代鉴定剔除不抗虫株再进行系统选优后所得优系。

2009年浙江省江山基地配制组合,2010—2011年组织参加江山、慈溪、上虞、江西的多点品比试验。2011—2013年金华地区示范试种,2012—2013年进入浙江省棉花区域试验,2014年升入浙江省棉花生产试验，并在江山慈溪开展生产示范。

二、相关性状

（一）丰产性

2012 年浙江省棉花品种区域试验平均皮棉产量 1 744.2kg/hm^2，比对照慈抗杂 3 号增产 7.3%，增产未达显著水平；2013 年浙江省棉花品种区试平均皮棉产量 1 960.65kg/hm^2，比对照慈抗杂 3 号增产 7.9%，增产未达显著水平。2012—2013 两年区试平均皮棉产量 1 852.5kg/hm^2，比对照慈抗杂 3 号增产 7.6%。2014 年参加浙江省棉花品种生产试验平均皮棉 1 908.0kg/hm^2，比对照慈抗杂 3 号增产 11.6%。

（二）抗虫性

浙江省区试棉种经中国农业科学院生物技术研究所 2012 年转基因抗虫性检测鉴定结果抗虫株率 86%，2014 年生产试验转基因抗虫株率 100%，两年平均抗虫株率 93%，为转基因抗虫棉品种。

转基因生产性应用证书申请中表现抗棉铃虫性强。苗期、蕾期和铃期叶片及蕾期小蕾、铃期小铃中 Bt 杀虫蛋白的含量分别为 256.46、256.60、90.72、239.25、77.26ng/g。与抗虫棉阳性对照品种比较分别高 25.86%、57.58%、62.26%、34.60% 和低 47.12%。在棉铃虫二、三、四代发生盛期，慈杂 11 号对棉铃虫的校正死亡率分别为 53.82%、50.74%和 50.74%，叶片受害级别为 1.8、1.6 和 1.9 级，综合评定抗性级别为抗(2.4 级)。

（三）抗病性

浙江省区试经江西省棉花所植保所鉴定 2012 年慈杂 11 号相对病指 19.22，耐枯萎病，对照慈抗杂 3 号 25.29，感枯萎病；2013 年慈杂 11 号相对病指 4.68，高抗枯萎病，对照慈抗杂 3 号 10.99，耐枯萎病。2012—2013 两年抗性鉴定平均枯萎病相对病指 11.95，耐枯萎病。

（四）纤维品质

据农业部棉花品质检验测试中心 2012 年测定，慈杂 11 号上半部纤维平均长度 30.7mm，断裂比强度 32.7cN/tex，马克隆值 5.2，纺纱均匀指数 155.0。2013 年测定，慈杂 11 号上半部纤维平均长度 28.4mm，断裂比强度 31.2cN/tex，马克隆值 5.3，纺纱均匀指数 144.6。2012—2013 两年平均结果：上半部纤维平均长度 29.5mm，断裂比强度 31.2cN/tex，马克隆值 5.3，纺纱均匀指数 144.6。

三、品种审定

本品种于 2015 年通过浙江省主要农作物品种审定委员会审定，品种审定编号为浙审棉 2015001。

品种主要性状表现：

该品种出苗好，苗匀、齐、壮，植株塔筒形，层次分明通透性好，茎秆硬软适中有茸毛，叶裂较深，叶片中等略大叶色较浅，花冠乳白色；铃短卵圆形有尖嘴，铃大吐絮畅，絮色洁白。慈杂 11 号出苗到吐絮的生育期为 123d，比对照慈抗杂 3 号短 1.6d。株高 120.4cm，单株有效铃 36.0 个，单铃重 6.0g，衣分 43.3%，籽指 10.4g，霜前花率 89.6%。

品种性状表现图见本书彩插。

第七节　慈杂 12 号

一、选育过程

母本慈优 6 是慈 96 - 6 中的 10 个单系材料混合种植集团改良的常规棉花，慈 96 - 6 于 2001 年由浙江省农作物审定。父本为 CZH - 05，即为 GK19 选系，经苗期、蕾期卡娜霉素鉴定、PCR 扩增鉴定剔除不抗虫株，自交保种。

2007 年冬天海南配制组合，2008—2009 年组织参加江山、慈溪、上虞的多点品比试验，2010 年参加江西省棉花预试，2011—2012 年进入江西省棉花区域试验，2012 年升入江西省棉花生产试验。

二、相关性状

（一）丰产性

2011 年江西省区试中平均籽棉产量 3 948.0kg/hm²，平均皮棉产量 1 573.5kg/hm²，比对照赣棉杂 1 号减产 2.1%，不显著，霜前皮棉 1 363.5kg/hm²。2012 年平均籽棉产量 3 313.7kg/hm²，平均皮棉产量 1 367.0kg/hm²，比对照赣棉杂 1 号减产 11.17%，极显著，霜前皮棉 1 269.5kg/hm²。2011—2012 两年省区试平均：平均籽棉产量 3 630.9kg/hm²，平均皮棉产量 1 470.3kg/hm²，比对照赣棉杂 1 号减产 6.3%。2012 年省生产试验平均籽棉产量 4 490.9kg/hm²，平均皮棉产量 1 915.2kg/hm²，比对照赣棉杂 1 号减产 1.66%。

（二）抗虫性

抗棉铃虫性强。苗期、蕾期和铃期叶片及蕾期小蕾、铃期小铃中 Bt 杀虫蛋白的含量分别为 281.41、184.55、60.14、253.89、99.35ng/g，与抗虫棉阳性对照品种比较分别高 38.11%、13.33%、7.57%、42.84%和低 32.0%，均未达显著差异。在棉铃虫二、三、四代发生盛期，慈杂 8 号对棉铃虫的校正死亡率分别为 36.00%、43.70%和 50.34%，叶片受害级别为 2.5、2.1 和 2.2 级，综合评定抗性级别为中抗（2.8 级）。

（三）抗病性

江西省棉花所植保室鉴定：2011 年抗枯萎病，相对抗指 7.6，2012 年耐枯萎病，相对抗指 16.81。2011—2012 两年省区试平均：抗枯萎病，枯萎病相对抗指 12.2。

（四）纤维品质

2011 年江西省区试纤维长度 32.0mm，整齐度 86.6%，比强度 35.6cN/tex，伸长率 4.4%，马克隆值 4.6，反射率 78.5%，黄度 7.8，纺纱均匀性指数 174.2。2012 年省区试纤维长度 31.6mm，整齐度 86.5%，比强度 36.1cN/tex，伸长率 3.9%，马克隆值 4.6，反射率 77.5%，黄度 7.9，纺纱均匀性指数 170.7。2011—2012 两年省区试平均：纤维长度 31.8mm，整齐度 86.6%，比强度 35.9cN/tex，伸长率 4.2%，马克隆值 4.6，反射率 78.0%，黄度 7.9，纺纱均匀性指数 172.5。2012 年生产试验纤维长度 31.9mm，整齐度 85.9%，比强度 35.4cN/tex，伸长率 5.5%，马克隆值 4.6，反射率 79.8%，黄度 7.3，纺纱均匀性指数 167.7。

三、品种审定

2011—2012 年参加区域试验，2012 年进入生产试验。已获得农业转基因生物安全证书，转基因安全证书编号为农基安证字(2012)第 045 号。

品种性状主要表现：

本品种为转基因品种。生育期 131.2d，比对照赣棉杂 1 号早熟 0.1d。该品种植株塔形稍松散，株高 129.4cm，出苗一般，子叶较大不平展，叶片较大叶色一般缺刻较浅，茎秆中粗有茸毛，铃卵圆形，花药乳白色。单株结铃 35.0 个，单铃重 5.7g，霜前花率 89.8%，衣分 40.56%，籽指 11.1g。纤维品质(HVICC 标准)：平均长度 31.8mm，整齐度 86.6%，比强度 35.9cN/tex，伸长率 4.2%，马克隆值 4.6，反射率 78.0%，黄度 7.9，纺织均匀性指数 172.5。枯萎病相对抗指 12.2。

品种性状表现图见本书彩插。

第四章 慈杂系列抗虫棉花品种抗虫研究

1995年开始，慈溪市农业科学研究所陆续从中棉所引种国抗棉1号、R93－4、R93－3、R108等抗虫亲本，又从河北棉区引种新棉33B抗虫棉，同年建立室内棉铃虫抗性鉴定室、田间罩笼接虫鉴定棚，采用初孵幼虫室内生物饲喂与田间罩笼相结合的方法鉴定抗虫性，并从国抗棉1号中选择含转Bt基因的单株进行自交和冷藏方法保种。随后通过杂种优势利用配制系列抗虫杂交棉组合，选配的组合参加本所组织的抗虫棉品比试验。优势组合选送浙江省棉花区域试验与江西省棉花品种预备试验。

第一节 室内抗虫性检测

一、国内抗虫材料抗虫性检测

(一)3个抗虫棉花品种的抗虫性

1. 试验材料

1995年本所从中国农业科学院棉花研究所引种抗1、抗2、R93－4 3个高抗棉铃虫棉花新品种。常规品种中12为对照。

2. 试验方法

室内饲喂与记录。6月下旬田间捕捉4～5龄棉铃虫带回室内，用中棉12号常规棉的棉叶为饲料使其化蛹羽化、配对、产卵，待室内孵化后将初孵幼虫分别接种到抗1、抗2、R93－4和中棉12号(对照)的嫩叶、幼蕾上饲喂，48h后调查各棉花品种棉铃虫初孵幼虫的存活率,残留活虫继续用4个棉种的幼蕾饲喂,3龄后单管饲养,使其化蛹、羽化、配对和产卵,调查各棉花品种2~3龄的存活率和产卵量。

3. 抗虫表现

由表4-1可知:3个抗虫品种表现出一定的抗虫效果,抗1、抗2、R93-4等3个品种初孵幼虫存活率(5.2%~74.8%)都明显低于中棉12号(88.1%)。方差分析表明,中棉12号的存活率极显著高于抗2和R93-4的存活率但与抗1无显著差异,3个抗虫品种之间抗虫性存在差异,以抗2存活率最低,抗虫性最好。进一步研究R93-4不同棉株的个体抗性,田间顺序取10株棉叶分别饲养棉铃虫初孵幼虫,每株棉叶接虫30条,48h调查活虫数量。

表4-1 3个抗虫棉花品种饲喂初孵棉铃虫的存活率

品种	总虫量(条)	48h调查活虫数量(条)	存活率(%)	差异显著性	
				0.05	0.01
抗1	270	202	74.8	a	AB
抗2	270	14	5.2	b	B
R93-4	270	82	30.4	b	B
中棉12	270	238	88.1	a	A

注:小写字母a、b表示显著水平,大写字母A、B表示极显著水平

由表4-2可知,R93-4各单株棉铃虫存活率存在明显差异,说明群体分离较大,育种应用上可以加强选择并有纯化可能,以保持抗虫棉良好的抗性。各单株幼虫存活的差异,说明群体分离较大,生产实践上应加强选择,保持抗虫棉良好的抗性。

表 4-2 R93-4 棉单株棉叶饲喂初孵棉铃虫存活率

单株号	抗放总虫量(条)	48h 调查活虫量(条)	存活率(%)
1	30	20	66.7
2	30	0	0
3	30	1	3.3
4	30	18	60.0
5	30	5	16.7
6	30	16	53.3
7	30	0	0
8	30	8	26.7
9	30	16	53.3
10	30	14	46.7

(二)6 个抗虫棉花品种抗虫性

1. 试验材料

抗虫材料 6 个,分别为中国棉花所提供的 R933、R934、R108、国抗杂 1 号、国抗杂 2 号、江苏 11 号,泗棉 3 号对照。

2. 方法与调查内容

供试虫源采自 1997 年大田高龄棉铃虫幼虫,置于室内温度 27℃、相对湿度 80%、光照控制光照 16h、黑暗 8h 的条件下,用常规棉花品种饲喂至化蛹,经羽化、配对、产卵、孵化得到初孵幼虫待测。6 个抗虫材料与对照种植于观察圃内,常规管理但全程不用化学农药防治鳞翅目害虫,然后于棉花蕾期(7 月 3 日)、花铃期(8 月 10 日)分两次进行抗棉铃虫测定。每品种选 10 株棉株,将各品种按序逐株采摘生长点附近嫩叶 1~2 片,带回室内置于直径 5cm 的塑料盒内,每盒接初孵棉铃虫幼虫 15 头,蕾期 48h 检查死亡数,计算平均死亡率与校正死亡率,并根据单株死亡数在 9 头以上(包括9头)、9头以下、0头的株数分别计算强抗虫株率、弱抗虫株率、非抗虫株率。花铃期用同样方法接入初孵棉铃虫幼虫,隔日更换新鲜嫩叶,隔日检查死亡数,3龄后幼虫用该株棉铃和幼铃继续单管饲养,分别计算平均死亡率、校正死亡率和最终死亡率。

3.抗虫性

表4-3、表4-4表明,6个抗虫棉饲喂棉铃虫幼虫其幼虫生长发育明显比常规棉叶饲喂缓慢,且以R933、R934、R108 3个抗性最强;6个抗虫棉不同生育期对棉铃虫抗性存在明显差异,各品系均表现蕾期抗性最强,花铃期抗性显著下降,但各抗虫棉上幼虫取食减少,生长缓慢,随着时间推移,死亡率逐渐增加,R934、R933和R108的第10d校正死亡率分别高达85.62%、89.73%、87.67%,江苏11号、国抗杂1号、国抗杂2号也分别达46.76%、41.19%、78.08%,蕾期抗性表现最强的3个抗虫棉在花铃期抗性虽然下降,但最终死亡率仍达100%;但江苏11号、国抗杂1号、国抗杂2号最终有残留活虫并且一直至化蛹,其幼虫历期分别为22d、20d和19d,比对照泗棉3号上的幼虫历期延长3~6d。

表4-3 6个抗虫棉蕾期对棉铃虫的抗性表现

品种	供试棉株数	接虫总头数	48h平均死亡率(%)	校正死亡率(%)	强抗虫株率(%)	弱抗虫株率(%)	非抗虫株率(%)
江苏11号	23	345	48.99	45.53	56.52	8.7	34.78
国抗杂1号	24	360	62.22	59.66	62.50	0	37.50
R934	25	375	99.73	99.71	100	0	0
R933	24	360	73.33	71.52	95.83	4.17	0
R108	12	180	93.00	92.88	100	0	0
国抗杂2号	24	360	64.28	61.86	45.83	37.50	16.67
泗棉3号(CK)	22	330	6.35	—	—	—	—

表 4－4　6 个抗虫棉花铃期对棉铃虫的抗性表现

品　种	平均死亡率(%)					校正死亡率(%)					最终死亡率(%)
	2d	4d	6d	8d	10d	2d	4d	6d	8d	10d	
江苏 11 号	7.05	15.17	25.45	37.29	48.18	6.42	12.84	23.40	35.57	46.76	54.55
国抗杂 1 号	6.90	11.72	17.24	26.90	42.67	6.27	9.30	14.97	24.89	41.19	53.55
R934	13.83	19.33	33.11	62.67	86.00	12.75	17.12	31.50	61.65	85.62	100
R933	19.33	22.67	49.33	77.33	90.00	18.79	20.55	47.94	76.71	89.73	100
R108	15.33	27.33	38.00	62.00	88.00	14.76	25.34	36.30	60.96	87.67	100
国抗杂 2 号	14.00	20.67	36.67	64.00	78.67	13.42	18.49	34.93	63.01	78.08	86.67
泗棉 3 号(CK)	0.67	2.67	2.67	2.67	2.67	—	—	—	—	—	2.67

二、国外抗虫棉代别间的抗虫性表现

供试转基因抗虫棉材料为新棉 33B 原种代、第 1 代种、第 2 代种和第 3 代种，泗棉 3 号为对照。

(一)试验方法

6 月底采瓠瓜大田高龄棉铃虫幼虫，捕回室内后用非抗虫棉(不用化学农药防治)的棉蕾饲喂，直至化蛹、羽化、配对、产卵、孵化，得到初孵幼虫待测。试验于 2000 年将引入的各代别新棉 33B 种植于抗虫棉观察圃上，常规管理全程不用化学农药防治鳞翅目害虫。室内准备广口瓶(直径 7cm、高 8.5cm)中注入 0.8%琼脂保湿培养基 40ml，冷却。于第 3 代棉铃虫发生高峰期(7 月 31 日，8 月 1 日、3 日)上午 8:00～10:00 采各代别抗虫棉带叶柄倒 3 叶各 4 张，以泗棉 3 号为对照，带回室内洗净阴干，斜插于保湿培养基上。每瓶插 1 叶，每叶接 5 头初孵幼虫，8 瓶口蒙上透气遮光布，置于光照养虫培养架上，保持室内温度 28℃，相对湿度 80%，每日光照 16h，接虫后第 5d 检查棉叶上幼虫死亡头数及存活幼虫的生长发育情况，计算平均存活率和校正死亡率，存活幼虫 3 龄后单管饲喂，直至化蛹、羽化、配对、产卵，称蛹重调查产卵量。

（二）主要抗虫性状表现

由表 4－5 可见：新棉 33B 的 4 个代别对棉铃虫均有一定抗虫性，抗虫性强弱依次为第 1 代种＞第 2 代种＞原代种＞第 3 代种，各代别残留活虫量、残留活虫的平均体长显著低于泗棉 3 号，第 1 代和第 2 代种上幼虫生长发育迟缓，仅存＜3.16mm 幼虫，原代种有极少量的 3.16～6.03mm 的虫体，第 3 代种 3.16～6.03mm 虫体明显多于其他各代别。将转基因抗虫棉新 33B 各代别存活幼虫体长不到 6.03mm 的棉铃虫继续置于保湿培养基上饲喂，将体长超过 6.03mm 的幼虫单管饲喂，每隔 2d 调换食料（棉蕾棉铃），结果原代种、第 1 代种、第 2 代种棉蕾棉铃饲喂的幼虫均表现半途死亡，第 1 代种上的幼虫最先死亡，第 2 代种、原代种相继死亡。单管饲喂表明第 3 代种和对照泗棉 3 号上的幼虫都相应经历了预蛹、化蛹和羽化，但第 3 代种与泗棉 3 号的蛹重、蛹期存在显著差异。经过抗虫棉饲喂的幼虫由于受抗虫棉不同程度毒蛋白影响，抑制了幼虫生长发育和新陈代谢，影响化蛹时间和蛹的质量。新棉 33B 第 3 代种和泗棉 3 号饲喂的部分棉铃虫幼虫相继经历了化蛹、羽化，通过雌雄比为 1∶1（或1∶2）人工配对，泗棉 3 号最终成功配置 6 对，

表 4－5　5 日龄幼虫存活率与生长发育情况及残留活虫的蛹期、蛹重

代别	平均存活率（%）	校正死亡率（%）	存活幼虫个体差异（条）			蛹期（d）	蛹重（mg）
			＜3.16mm	3.16～6.03mm	6.03～12.17mm		
原代种	38.33bAB	55.77	7.3	0.3	0	/	/
第 1 代种	30.00bB	65.39	6.0	0	0	/	/
第 2 代种	35.00bB	59.62	7.0	0	0	/	/
第 3 代种	61.67abAB	28.85	5.7	6.3	0	24.13	163.84
泗棉 3 号	86.67aA	—	3.0	13.3	1.3	18.15	212.80

第 3 代种成功配置 2 对。逐日调查产卵量，泗棉 3 号棉铃饲喂的蛾产卵量与慈溪市病虫站当年情报发布的数量基本吻合，由新棉 33B 第 3 代种饲喂后的棉铃虫平均每对蛾产卵量明显少于泗棉 3 号，新棉 33B 第 3 代种比泗棉 3 号的蛾产卵峰日短、峰值低(图 4－1)。

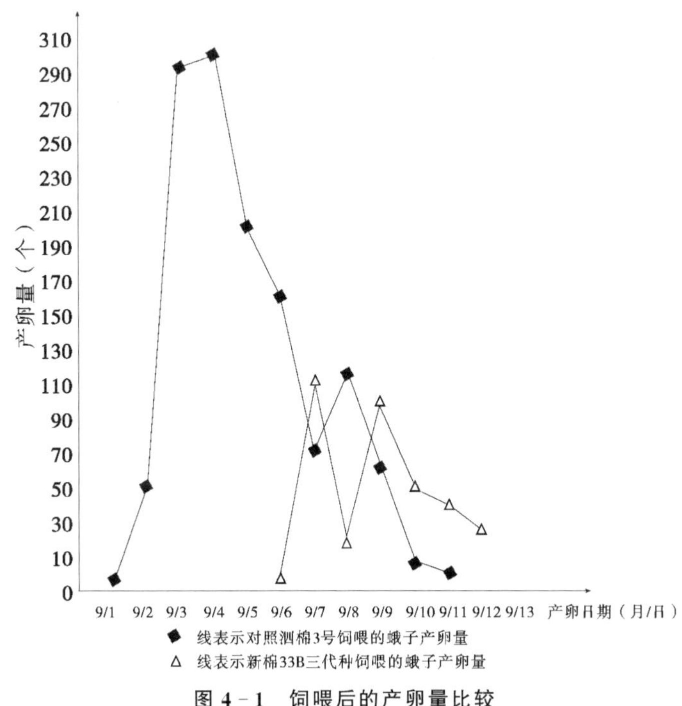

图 4－1　饲喂后的产卵量比较

第二节　田间抗虫性检测

一、抗棉铃虫性表现

(一)3 个抗虫棉花品种的表现

1995 年对引入的抗 1、抗 2、R93－4 的 3 个抗虫棉花品种，与中棉所 12 号为对照，进行了棉铃虫危害的对比试验。通过 7 月

24 日～8 月 29 日期间，4 期产卵情况的调查（表 4－6）发现：抗 1、抗 2、R93－4 3 个抗虫品种的棉铃虫虫量、卵量明显低于中棉所 12。4 期累计，3 个抗虫品种的棉铃虫虫量每百株为 2～11 条，卵量 17～22 粒，中棉所 12 每百株虫量 29 条，卵量 55 粒，其中，8 月 4 日中棉所 12 百株卵量为 50 粒已达防治指标，而 3 个抗虫品种均未达到。棉铃被害率调查可见表 4－7：抗 1、抗 2 和 R93－4 3 个抗虫品种的大铃 16 个、29 个、31 个被害分别为 4 个、1 个和 5 个，而中棉 12 大铃被害高达 16 个，3 个抗虫品种的幼铃被害数同样低于对照品种中棉 12，3 个抗虫品种铃害率分别较对照减低 78.8%～94.2%，大田试验证明 3 个抗虫品种对棉铃虫具有一定抗性。

表 4－6　3 个抗虫棉花品种的棉铃虫、卵量

单位：百株虫量/条，百株卵量/粒

品种	7/24		7/27		8/4		8/29	总卵量	总虫量
	卵量	虫量	卵量	虫量	卵量	虫量	虫量		
抗 1	0	2	0	0	17	0	0	17	2
抗 2	0	4	0	0	17	0	0	17	4
R93－4	0	6	2	2	20	0	3	22	11
中 12(CK)	2	18	3	2	50	4	15	55	39

表 4－7　3 个抗虫棉花品种的棉铃被害率(30 株为 1 个处理)

品　种	大铃数(被害数)(个)	小铃数(被害数)(个)	铃害率(%)	比对照增减(%)
抗 1	473(4)	2(0)	0.8	－84.6
抗 2	350(1)	2(0)	0.3	－94.2
R93－4	396(5)	74(0)	1.1	－78.8
中棉 12(CK)	341(16)	23(3)	5.2	100

(二)7个抗虫棉及抗虫杂交棉 F_2 代间的表现

1997年,选择中棉所引种的R934、R108 2个抗虫材料与抗虫杂交棉 F_2 代5个,以具有一定外部抗虫形态的常规棉泗棉3号为对照,共8个材料一并种植于观察圃中,进行观察对比。全生育期只施用农药防治棉蚜、棉叶螨,对鳞翅目害虫不施用农药防治。7月15日第3代棉铃虫发生期在观察圃上搭建高1.8m,总面积为133m² 的罩笼,7月18～20日选实验室饲养、活力强的棉铃虫成虫放入罩笼内,放蛾量为1对/10m²,共放13对。放入棉铃虫成虫后于7月28日和8月4日两次调查参试材料的棉铃虫抗性(后因遇台风罩笼被揭而中断调查)。每品种调查3个样点,每点20株,考查其总蕾铃数、被害蕾铃数和残留活虫数,计算平均被害率和百株虫数以及蕾铃被害减退率和虫口减退率,评定抗虫强度。7月4～20日,每天逐株调查当天开花量和虫害花量,计算1代红铃虫花害率和减退率,因台风影响,第2代红铃虫未作调查。表4-8可见,2个抗虫材料表现高抗棉铃虫,其蕾铃被害率为0.157%～3.033%,百株幼虫残留量为0～10头,分别比泗棉3号减少66.64%～

表4-8　抗虫品种与抗虫杂交棉 F_2 代的棉铃虫抗性

品　种	总蕾数(个)	平均蕾铃被害率(%)	蕾铃被害减退率(%)	百株棉幼虫残留量(头)	虫口减退率(%)	抗虫强度
R108	2 353	0.160aA	98.24	1.3	96.75	高抗
R934	2 778	0.157aA	98.27	0	100	高抗
国抗杂1号 F_2	2 377	2.523dCD	72.25	10.0	75.0	高抗
国抗杂2号 F_2	2 136	3.033dD	66.64	6.3	84.25	高抗
慈抗1号 F_2	2 814	0.846abAB	90.70	6.3	84.25	高抗
慈抗2号 F_2	2 438	1.173bcAB	87.10	6.3	84.25	高抗
慈抗3号 F_2	2 286	1.773cBC	80.50	2.5	93.75	高抗
泗棉3号(CK)	2 375	9.093eE	—	40.0	—	—

98.27%和75%～100%。方差分析结果表明,7个抗虫(杂交)棉的蕾铃被害率均极显著地低于对照泗棉3号,其中,以R108和R934两个抗虫棉品种抗虫性为最强,其蕾铃被害率显著低于国抗杂1、2号和慈抗2、3号的F_2代,5个F_2中以慈抗1号的抗虫性为最好,其蕾铃被害率仅0.846%极显著低于国抗杂1号和2号,显著低于慈抗3号。从试验结果看:慈抗1号、2号、3号平均蕾铃被害率均小于1.8%,有较好的抗虫性,抗虫杂交棉F_2代的抗虫性较抗虫棉品种稍差,与F_2代的抗虫性发生分离有关。

二、抗红铃虫性表现

由表4-9可知,2个抗虫品种、5个抗虫杂交棉F_2代的1代红铃虫花害率均低于对照泗棉3号,表明供试抗虫棉与抗虫杂交棉F_2代均有不同程度的减轻红铃虫为害的作用,其中,2个抗虫品种的花害率分别比泗棉3号极显著低78.25%和59.36%,5个抗虫杂交棉F_2代中慈抗2、3号和国抗杂1号的花害率分别比泗棉3号极显著降低50.98%、59.89%,显著降低35.29%,慈抗1号和国抗杂2号的花害率与泗棉3号无显著差异。

表4-9 抗虫品种与抗虫杂交棉F_2的红铃虫抗性

品　　种	总开花数	平均花害率(%)	比对照减(%)
R108	1 957	1.22aA	78.25
R934	1 756	2.28bAB	59.36
国抗杂1号F_2	2 021	3.63cdBCD	35.29
国抗杂2号F_2	1 814	4.58deCD	18.36
慈抗1号F_2	1 928	4.98deD	11.23
慈抗2号F_2	2 173	2.75bcBC	50.98
慈抗3号F_2	1 948	2.25bAB	59.89
泗棉3号(CK)	2 374	5.61eD	—

第三节　安全性评估

一、转基因生物安全评估的生产性释放

根据国家对农业转基因生物生产性释放的相关规定，抗虫棉品种生产性应用前必须做好对棉田天敌种群动态的影响研究及棉田靶标、非靶标害虫的种群变动研究。慈抗杂3号的这两项研究由浙江省海盐种子公司与江西省棉花研究所承担。

2003年，海盐点试验地址设在西塘桥镇永宁村，前作为水稻，试验面积：慈抗杂3号0.32hm^2，湘杂棉2号种植0.133hm^2。定点调查田块面积为0.1～0.133hm^2，四周以水稻田、河浜作隔离，营养钵育苗移栽。2003年江西点试验地址设于九江市江西棉花所实验农场内，前作为水稻，试验面积：慈抗杂3号种植0.305hm^2，对照赣棉11号种植0.133hm^2，四周均种植水稻，营养钵育苗移栽。全生育过程中当吸食性口器害虫达到防治指标时喷药防治，对鳞翅目害虫一般在8月上旬前不喷药防治，8月上旬后当残虫量达到防治指标时才喷药防治。

（一）抗虫棉对棉田天敌种群动态的影响研究

天敌种群调查方法采用对角线5点取样，重复2次。7月15日以前每点定点20株棉株，7月15日以后定点10株，从6月15日至9月5日每隔10d调查一次，调查棉株上的天敌种类和数量。

观察结果：

（1）草间小黑蛛，海盐点慈抗杂3号累计1 197头/百株，对照湘杂棉2号1133只/百株，慈抗杂3号比对照增加5.6%，差异不显著；江西点慈抗杂3号累计629头/百株，较对照赣棉11号543头/百株增加13.7%，差异不显著。

（2）龟纹瓢虫，海盐点慈抗杂3号累计17头/百株，较对照湘杂棉2号19头/百株，减少11.8%，差异不显著；江西点慈抗杂3号累计173头/百株较对照赣棉11号190头/百株减少8.9%，差

异不显著。

(3)小花蝽,海盐点累计数慈抗杂3号与湘杂棉2号均为25头/百株。

草蛉在整个定点调查中海盐点与江西点两个田块均未发现。

试验表明:抗虫棉田对已监测的天敌种群和非靶标害虫种群和常规棉田是相同的,即抗虫棉田对生物种群的发生没有影响,但对不同生物种群的发生量是存在差异的,其中,有的生物种群发生量的差异较为明显,有的生物种群发生量的差异不明显。

(二)抗虫棉田对靶标、非靶标害虫的种群动态影响

棉田靶标害虫、非靶标害虫种群田间调查采用定点调查与大田调查相结合的方法进行。

1.定点调查

采用对角线5点法,随机取样,2次重复,7月15日以前每点调查20株,7月15日以后每点调查10株,从6月15日至9月5日每隔10d调查一次,每次记载棉株上的棉铃虫卵、幼虫、蕾铃被害数和总蕾铃花数。7月20～24日连续5d调查红铃虫5点取样,重复2次,每点50株,调查棉花的总花数和红铃虫的虫花数,9月20日每处理5点取样,每点采摘青铃50个,剥查记载红铃虫为害虫及活虫数。

2.大田调查

(1)调查方法。7月25日、8月25日各查一次棉铃虫,采用对角线5点法,随机取样,重复2次,每点查10档,每次调查记载棉铃虫卵、幼虫、蕾铃被害数和总蕾铃数;7月20～24日连查5d红铃虫,每天查200株棉花的总花数和红铃虫虫花数,9月20日每处理5点取样,每点摘硬青铃50个,剥查记载红铃虫为害虫孔、活虫数。另外从6月15日至9月5日调查本地主要非靶标害虫的种类和数量及为害状。

(2)调查结果。海盐点因棉铃虫发生极轻而无法进行系统统计,江西点在二代棉铃虫发生期慈抗杂3号棉田中没有发现棉铃

虫幼虫,防效达100%。三代棉铃虫发生期,慈抗杂3号棉田能将棉铃虫始终控制在较低水平,其百株幼虫数比对照赣棉11号减少82.1%,整个生育期慈抗杂3号比赣棉11号平均减少86.6%,达到了高抗棉铃虫水平。海盐点慈抗杂3号红铃虫虫花率比对照平均减少94.2%,大田减少96.6%。青铃剥查结果,慈抗杂3号对红铃虫为害控效达到97.5%,大田控效100%,棉花收购的籽棉看慈抗杂3号籽棉几乎无虫口花。

江西点慈抗杂3号红铃虫虫花率比对照减少90.18%。青铃剥查慈抗杂3号对活虫控制效果达100%,为害率比对照减少73.9%。海盐点玉米螟、小卷叶虫在慈抗杂3号棉田均未查到,斜纹夜蛾慈抗杂3号百株虫数4条,株害率6.0%,对照棉田分别为8条、24.0%;江西点慈抗杂3号玉米螟百株虫数0.6条,株害率1.3%,对照棉田玉米螟百株虫数0.8条,株害率1.6%,慈抗杂3号斜纹夜蛾百株虫数3.2条,株害率4.8%,对照棉田百株虫数12条,株害率22.4%,慈抗杂3号小卷叶卷叶率1.6%,对照棉田卷叶率则达26.8%。两个试验监测表明慈抗杂3号对棉田鳞翅目害虫表现出较强的抗虫效果,特别是对棉铃虫幼虫表现出很强的抗性,对红铃虫及其他鳞翅目害虫控制在一个较低的水平。

海盐点、江西点慈抗杂3号棉田蚜虫与红蜘蛛发生较重。海盐点慈抗杂3号蚜虫百株三叶总数3 584头,对照棉田2 908头,江西点慈抗杂3号蚜虫百株三叶总数2 005头,对照棉田1 895头;海盐点慈抗杂3号红蜘蛛百株三叶130头,对照棉田104头,江西点慈抗杂3号红蜘蛛256头,对照棉田103头,表明慈抗杂3号对蚜虫、红蜘蛛没有抗虫效果。海盐点盲蝽象慈抗杂3号百株虫数1.6头,株害率38.0%,对照分别为0.8头、35.4%,江西点盲蝽象慈抗杂3号百株1.0头,株害率6.0%,对照棉田百株1.2头,株害率7.0%,表明慈抗杂3号对盲蝽象无控制作用。

对棉田靶标害虫与非靶标害虫的监测结果表明:种植抗虫棉切不可放松棉田害虫的监测与防治,并且要谨防次要害虫上升为主要害虫。

二、转基因抗虫棉营养成分及抗营养因子饲喂毒理学检测

中国预防病医学院劳动卫生与职业病研究院于2002年分别用慈抗杂3号棉籽油与棉籽粉对大鼠进行急性经口与急性经皮毒性试验，对家兔进行眼和皮肤刺激试验。根据《农药登记毒理学试验方法》(GB 15670—1995)，慈抗杂3号棉籽油和棉籽粉样品经大鼠急性经口毒性和急性经皮毒性测定属于低毒，对家兔眼睛和皮肤无刺激性。

第五章　慈杂系列抗虫棉花品种生理特性研究与栽培因子研究

第一节　慈杂系列抗虫棉花生长发育的主要特点

抗虫棉在农艺性状方面与常规棉花有很多不同,慈杂系列抗虫棉也不例外。主要的性状差异主要有以下几方面。

1.苗期长势偏弱

棉花植株体内的外源抗虫基因 Bt 毒蛋白在表达过程中,对自身的内源激素的含量与分布产生了较大的影响,导致抗虫棉生长点赤霉素含量下降,分布减少,因此,在同等条件下抗虫棉的营养生长势不及常规棉。在生产上表现为植株略矮、株型较紧凑、叶片稍小等。

慈杂系列抗虫棉品种中慈抗杂 3 号、慈杂 1 号、慈杂 7 号、慈杂 8 号表现明显。

2.叶片绿色加深,叶型也有明显差异

与常规棉花相比,第一代抗虫棉花表现叶色深绿。慈杂 1 号、慈杂 7 号品种的叶色深绿,Bt 毒蛋白含量显著高于同类抗虫棉品种,抗性强,毒杀能力强。此外这两个品种叶片上翘,凹凸不平,叶柄长度略偏短,裂片缺刻较深。这些形态表现尤以生长前期较为明显。

3.茎枝纤细,茎间节间较密

与常规棉花品种长势相比,慈杂系列品种中的慈抗杂 3 号、慈杂 1 号、慈杂 7 号、慈杂 8 号品种的茎秆、枝较细软,茎间节间相对较密。

4. 中期开始生长加快,结铃进程加快

慈杂系列抗虫棉花品种与其他同类抗虫棉花品种一样,前期生长缓慢而稳健,中期开始生长加快,进入开花结铃期以后成铃速度快而集中。

5. 结铃性强、脱落率低

与常规棉花相比,慈杂系列抗虫棉花品种成铃率较常规棉花高 10 个百分点以上,蕾铃脱落率降低 10 个百分点以上,成铃多、脱落率低、单铃重相对较轻。

6. 水分需求敏感

盛蕾期是棉花由营养生长向生殖生长转化的关键时期,此期抗虫棉花如遇高温干旱天气没有及时浇水,很可能造成抗虫棉花生育进程加快,生长中心提早转向生殖生长,导致早发、早衰。花铃期若遇涝后根系发育不良,后期也极易早衰。

7. 对钾营养需求较高

实践表明,抗虫棉对钾的需求大于常规棉,据测定,在同等条件下要比常规棉高 20%左右。因此,如钾肥投入不足,会造成棉花发育不良、茎秆细弱、叶色变红、光合作用下降、蕾铃脱落增加、铃重和品质下降。特别是缺钾严重的田块更会导致抗逆性变差,对高温敏感,在高温条件导致花粉易败育,蕾铃大量脱落。

第二节　慈杂系列抗虫棉品种生理特性研究

一、慈抗杂 3 号若干生理特性研究

(一)供试材料和种植方法

试验于 2003 年在浙江慈溪市农科所实验地进行。供试材料有:抗虫杂交棉慈抗杂 3 号及其父、母本,以常规棉泗棉 3 号为对照 1(CK_1),抗虫杂交棉中棉所 29 号为对照 2(CK_2)。

试验方法为盆栽试验,4 月 28 日播种,每盆播 3～4 粒种子;3 叶期定苗,每盆 1 株。重复 10 次,共 50 盆。其他栽培管理同一般

大田。

(二)测定项目和方法

1.生育动态调查

初蕾期开始定期观察记载株高、现蕾、开花、结铃动态。计算日增蕾数和铃数。9月30日结铃部位调查。吐絮期单株收获籽棉计产。

2.生理指标测定

分别在现蕾、初花、盛花、始絮期于上午9:00～11:00取功能叶(倒数第3～4主茎叶打顶后为顶叶)5片/品种,重复2次。测定叶绿素含量(陈福明,1984)、SOD活性(NBT光下还原法)、POD活性(愈伤木酚比色法)和MDA含量(硫代巴比妥酸(TBA)显色法)(徐世昌,等.1994)。

(三)产量及农艺性状

1.产量及产量构成因子

表5-1 慈抗杂3号与两亲本及泗棉3号、中棉所29号产量构成因子的比较

品种(组合)	铃重(g)	衣分(%)	单株铃数(个)	单株籽棉产量(g)	单株皮棉产量(g)	单株结铃率(%)
慈抗杂3号	4.90	40.50	36.7	144.1	58.36	39.98
慈96-5(母本)	4.92	39.83	35.2	137.6	54.81	38.55
WH-1(父本)	4.17	37.70	31.0	114.2	43.05	39.44
泗棉3号(CK_1)	4.40	45.00	27.5	111.0	49.95	40.15
中棉所29(CK_2)	4.88	39.38	36.1	140.9	55.49	40.20

表5-1反映了慈抗杂3号等5个棉花品种(组合)的产量及产量构成因子。从铃重看,慈抗杂3号属中等铃,单株结铃体现了超亲本的杂种优势。单株籽棉产量比亲本平均增产14.46%,比

CK_1、CK_2 分别增产 29.82%和 2.27%；单株皮棉产量比亲本平均增产 19.27%，比 CK_1、CK_2 分别增产 16.84%和 5.17%。衣分率比亲本平均高 1.73，比 CK_1 低 4.5，比 CK_2 高 1.12。

2. 现蕾动态

从现蕾动态（表 5－2）看，慈抗杂 3 号的现蕾模式与亲本及 CK_1、CK_2 的变化趋势相一致。7 月 4～31 日为现蕾高峰期，7 月 31 日后现蕾明显下降。但日增蕾量差异显著，高峰前慈抗杂 3 号低于两对照，且与两亲本比较也无明显杂种优势；高峰期慈抗杂 3 号平均日增蕾数比母、父本分别高 14.24%和 16.08%，杂种优势明显；比 CK_2 和 CK_1 分别高 5.71%和 29.39%。单株现蕾慈抗杂 3 号达 91.8 个，比两亲本平均高 14.75%，比 CK_1 和 CK_2 分别高 34.01%和 15.04%。由此可见，慈抗杂 3 号具有较大的生理库。本试验看，在铃重、衣分相差不大的情况下，单株结铃数对产量形成的影响较大，当结铃率差异较小时，铃数主要由果节数多少决定。相关分析表明，总有效果节数与单株实收籽棉呈极显著的正相关（$r=0.8622^{**}$）。进一步表明，提高总有效果节数是充分发挥个体潜力的物质基础，是高产栽培的主要技术途径之一。

表 5－2　慈抗杂 3 号与两亲本及泗棉 3 号、中棉所 29 号现蕾动态的比较

品种（组合）	现蕾数（No./pl[1]）	日增蕾数[个/（株·d）]					
	8/15	6/27～7/4	7/4～7/11	7/11～7/18	7/18～7/25	7/25～7/31	7/31～8/15
慈抗杂 3 号	91.8	0.657	1.471	2.900	2.443	4.083	0.893
慈 96－5（母本）	81.4	0.557	1.386	2.643	2.771	2.600	0.873
WH－1（父本）	78.6	0.814	1.414	2.386	2.286	3.267	0.567
泗棉 3 号（CK_1）	68.5	0.700	1.157	2.371	2.171	2.650	0.413
中棉所 29（CK_2）	79.8	0.843	1.886	2.700	2.629	2.967	0.180

3. 结铃动态

从结铃动态看(表 5-3)，慈抗杂 3 号与 CK_1、CK_2 及父本的成铃动态变化相一致，表现为 7 月 25 日至 8 月 21 日是产量形成的主要阶段。但日增铃数不完全相同，结铃高峰前慈抗杂 3 号略高于两亲本和 CK_1，低于 CK_2 30.92%；结铃高峰期日增铃数比父、母本分别高 18.03% 和 16.60%，比 CK_1 高 28.57%，与 CK_2 相当。由此可见，慈抗杂 3 号的成铃较为集中，其结铃高峰期能与光、热资源适宜成铃期相吻合，利于增结主体桃(伏桃和早秋桃)，并由于早期结铃少，烂铃较少，从而实现产量和效益的同步提高。表 5-3 进一步看出，8 月 21 日至 9 月 30 日期间，慈抗杂 3 号单株结铃比中棉所 29(CK_2)多 0.222 个。表明，若后期温光资源充沛，慈抗杂 3 号有高产及超高产的潜力。

表 5-3　慈抗杂 3 号与两亲本及泗棉 3 号、中棉所 29 号结铃动态的比较

品种(组合)	铃数(No./pl)	日增铃数[个/(株·d)]				
	9/30	7/18～7/25	7/25～7/31	7/31～8/15	8/15～8/21	8/21～9/30
慈抗杂 3 号	36.7	0.286	0.833	0.88	1.767	0.644
慈 96-5(母本)	35.2	0.186	0.433	0.547	2.317	1.011
WH-1(父本)	31.0	0.257	0.683	0.667	1.717	0.522
泗棉 3 号(CK_1)	27.5	0.214	0.55	0.607	1.667	0.389
中棉所 29(CK_2)	36.1	0.414	0.833	1.013	1.433	0.422

4. 结铃分布

表 5-4 反映了慈抗杂 3 号与两亲本、两对照的结铃分布情况。横向结铃分布看，慈抗杂 3 号的 1～3 果节位(内围铃)与 CK_1、CK_2 及父母本的空间成铃结构基本相同，其结铃比例略低于

父本和泗棉 3 号(CK_1),略高于母本,比中棉所 29 号(CK_2)高 3.85。纵向结铃分布看,中下部成铃比例以父本最高,慈抗杂 3 号又略高于母本、CK_1 和 CK_2。研究表明,慈抗杂 3 号无论从内外围横向成铃分布分析,还是下中上部纵向结铃分布看,其成铃比例较为合理。

表 5-4　慈抗杂 3 号与两亲本及泗棉 3 号、中棉所 29 号结铃分布的比较

品种(组合)	纵向分布比例(%)			横向分布比例(%)		
	下部	中部	上部	内围 1～3 果节位	外围 4 果节及以外	单株铃数(个)
慈抗杂 3 号	45.50	35.69	18.81	68.39	31.61	36.7
慈 96-5(母本)	41.48	38.07	20.45	67.05	32.95	35.2
WH-1(父本)	49.35	35.48	15.17	71.29	28.71	31.0
泗棉 3 号(CK_1)	49.45	30.18	20.37	72.36	27.64	27.5
中棉所 29(CK_2)	45.15	33.80	21.05	64.54	35.46	36.1

(四)生理性状

1. 叶绿素含量和叶绿素 a/b 比率

分析不同生育期功能叶中叶绿素含量的动态变化(图 5-1),随着棉花的生长发育,各个棉花品种(组合)的叶绿素含量呈上升趋势。现蕾期慈抗杂 3 号略高于两亲本及常规棉 CK_1,比抗虫杂交棉 CK_2 低 10.14%;初花期、盛花期和始絮期均高于亲本和对照 CK_1,与 CK_2 无显著差异。叶绿素含量的变化解释了慈抗杂 3 号前期生育进程稍逊于 CK_2,中后期现蕾和结铃进程强于亲本和对照的事实。另一方面,各生育期慈抗杂 3 号叶绿素 a/b 比率变化与母本和 CK_2 相比无显著差异,与吴小月(1980 年)等报导不甚一致。根据我们的试验结果,叶绿素 a 含量可否作为预测杂种优势的参考指标有待进一步探讨。

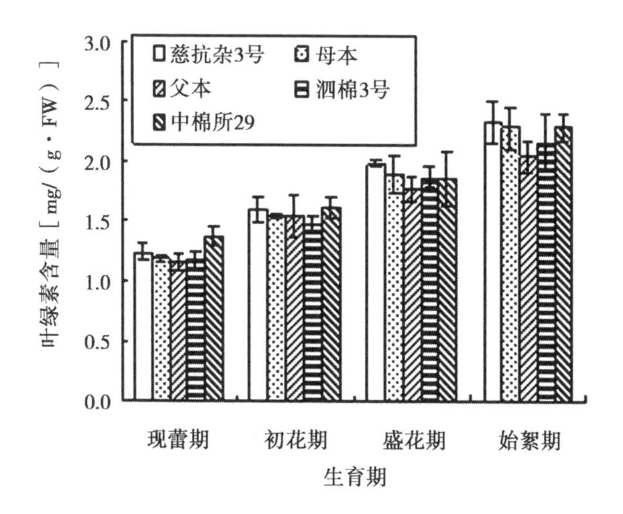

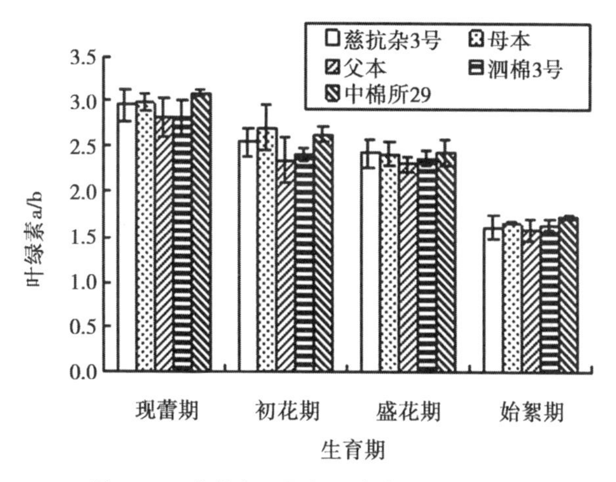

图 5-1　慈抗杂 3 号与两亲本及泗棉 3 号、中棉所 29 号叶绿素含量及 a/b 的比较

2. SOD 和 POD 活性

SOD 和 POD 酶等协同作用可防御活性氧或其他过氧化物自由基对细胞膜系统的伤害，从而防止细胞衰老。SOD 和 POD 活性测定结果(图 5-2、图 5-3),慈抗杂 3 号 SOD 活性在现蕾期和初花期与亲本及对照相比较,无明显优势,且初花期比 CK_2 显著低 13.70%;盛花后慈抗杂 3 号 SOD 活性保持较高的水平,盛花期极显著高于亲本及 CK_1、CK_2;吐絮期极显著高于父本及 CK_1,

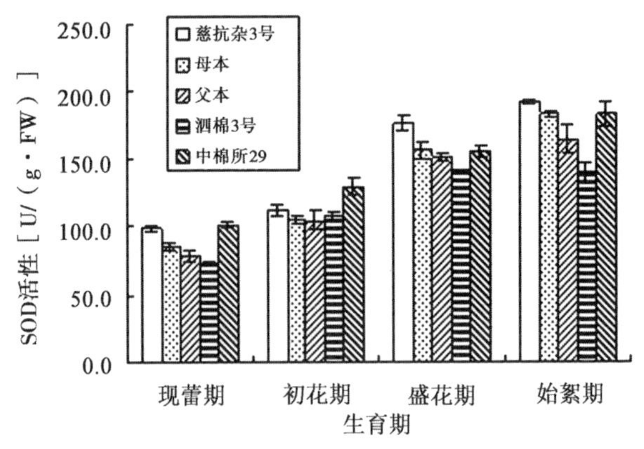

图 5-2　慈抗杂 3 号与两亲本及泗棉 3 号、中棉所 29 号 SOD 活性的比较

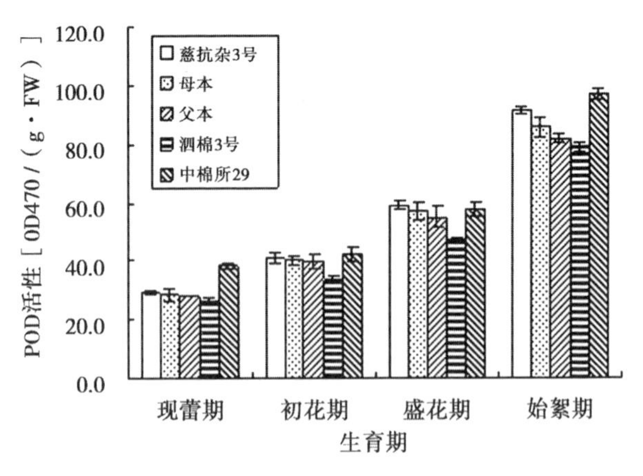

图 5-3　慈抗杂 3 号与两亲本及泗棉 3 号、中棉所 29 号 POD 活性的比较

略高于母本和 CK_2。POD 活性变化与 SOD 活性变化趋势基本相一致。由此可见,慈抗杂 3 号生育中后期保持较高水平的 SOD 和 POD 活性,使其清除 $O_2^-\cdot$(表示氧化自由基超氧负离子自由基)与 H_2O_2 的活性氧能力明显提高,从而保证了生育中后期旺盛的杂种优势。

3. MDA 含量

各个棉花品种(组合)随着生育进程的推进,MDA 含量逐渐增多,但各个品种(组合)间各个时期的变化恰好与 SOD 和 POD 活性变化的趋势相反(图 5－4)。棉花生育后期受外界不良环境(高温、干旱、虫害)影响后,叶片对活性氧清除能力下降,从而促使有毒物质活性氧的积累,启动膜过氧化,造成膜的损伤,MDA 含量表现迅速增加。慈抗杂 3 号在盛花期开始 MDA 含量显著低于亲本和对照,细胞膜受损小、细胞衰老缓慢。表明其抵御高温、干旱和虫害能力大,中后期具有旺盛的生长和结铃优势可能与此相关。

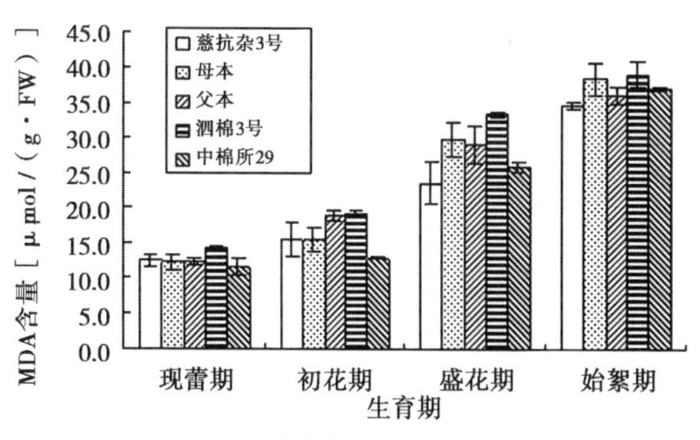

图 5－4　慈抗杂 3 号与两亲本及
泗棉 3 号、中棉所 29 号 MDA 含量的比较

(五)慈抗杂 3 号若干性状杂种优势研究讨论

慈抗杂 3 号生育优势较强。单株现蕾数慈抗杂 3 号(6/27～8/15)达 91.8 个,比两亲本平均高 14.75%,分别比泗棉和中棉所 29 号高 34.01%和 15.04%。本试验看,在铃重、衣分相差不大的情况下，单株铃数对产量形成的影响较大，当结铃率差异较小时，铃数主要由果节数多少决定。相关分析表明，总有效果节数与单株实收籽棉呈极显著的正相关($r=0.8622^{**}$)。表明提高总有效果节数是充分发挥个体潜力的物质基础，是高产栽培的主要技术途径。慈抗杂3号的成铃较为集中，其结铃高峰期能与光、热资源适宜成铃期相吻合，利于增结主体桃(伏桃和早秋桃)，并且早期结铃少，烂铃较少，从而实现产量和效益的同步提高。慈抗杂3号从内外围横向成铃结构分析，还是下中上部纵向结铃分布看，其成铃比例较为合理。

叶绿素含量的变化，现蕾期慈抗杂3号略高于两亲本及常规棉 CK_1，比抗虫杂交棉 CK_2 低10.14%；初花期、盛花期和始絮期均高于亲本和对照 CK_1，与 CK_2 无显著差异。但各生育期慈抗杂3号叶绿素a/b比率变化与母本和 CK_2 相比无显著差异，与吴小月(1980年)等报导不甚一致。根据试验结果，叶绿素a含量可否作为预测杂种优势的参考指标有待进一步探讨。

植物体内，叶绿体在光还原下产生的超氧阴离子自由基 $O_2^-\cdot$ 还能进一步产生 H_2O_2 和羟基自由基等，这些活性氧能直接或间接地启动膜脂过氧化，导致膜的损伤和破坏，对生物体起着毒害作用。植物体内也同时存在着清除活性氧的酶(SOD、POD)，酶促系统中SOD是清除活性氧最重要的酶，能催化超氧阴离子自由基 $O_2^-\cdot$ 歧化成 H_2O_2，POD是植物体内清除 H_2O_2 的酶，能把 H_2O_2 还原成没有毒性的水。植物在正常情况下，体内产生活性氧与清除活性氧保持平衡状态，使植物免受伤害。盛花期、吐絮期慈抗杂3号保持较高水平的SOD与POD活性，使其清除活性氧能力明显提高。慈抗杂3号在盛花期开始MDA含量显著低于亲本和对照，细胞膜受损小、细胞衰老缓慢。表明其抵御高温、干旱和虫害能力相对较强，慈抗杂3号中后期旺盛的生长和结铃优势可能与活性氧代谢特性有关。

二、慈杂1号若干生理性状的研究

(一)供试材料与种植方法

试验于2004年在慈溪市农科所试验地进行。供试材料：抗虫杂交棉慈杂1号及其父、母本，以长江流域区试对照种常规杂交棉湘杂棉2号为对照(CK)。试验于4月28日播种，5月9日移栽。父母本种植密度37 500株/hm^2，慈杂1号种植密度27 000株/hm^2。小区面积16m^2，3次重复。其他栽培管理同一般大田。

(二)测定项目和方法

1.生育动态调查

初蕾期开始定期观察记载株高、现蕾、开花、结铃动态。计算日增蕾数和铃数。9月30日结铃部位调查。吐絮期单株收获籽棉计产。

2.生理指标测定

分别在初蕾、初花、盛花、始絮期于上午9:00～11:00取功能叶(倒数第3～4主茎叶，打顶后为顶叶)5片/品种，重复2次。测定叶绿素含量(陈福明，1984)、SOD(NBT光下还原法)、POD活性(愈伤木酚比色法)和MDA含量(硫代巴比妥酸(TBA)显色法)(徐世昌等，1994)。

(三)产量与产量构成因子

表5-5　慈杂1号与两亲本和常规杂交棉湘杂棉2号间的产量和产量构成因子

处　理	单株铃数	单铃重(g)	籽指(g)	衣分(%)	皮棉产量(kg/hm^2)
湘杂棉2号(CK)	30.8b	5.3a	10.3a	43.5a	2 211.8b
母本	27.0b	4.5b	9.8b	43.1a	1 965.0c
父本(含Bt基因)	33.7b	4.2b	10.4a	41.4b	2 056.2bc
慈杂1号(Bt杂交棉)	48.4a	4.4b	10.0ab	43.2a	2 583.8a
超亲优势HOBP(%)	43.6*	−2.2	−3.8	0.2	25.7*
中亲优势HOMP(%)	59.5*	1.1	−1.0	2.2	28.9*
超标优势HOCH(%)	43.2*	−17.0*	−2.9	−0.7	16.8*

超亲优势HOBP=(F_1/BP−1)×100%，BP为双亲的最高值；

中亲优势HOMP=(F_1/MP−1)×100%，MP为双亲的平均值；

超标优势HOCH=(F_1/CK−1)×100%，CK为对照值

比较慈杂1号与两亲本和推广种植的常规杂交棉湘杂棉2号(CK)的产量和产量构成因子(表5-5)。慈杂1号单株结铃数显著高于两亲本和对照,单铃重和籽指无明显差异。慈杂1号的皮棉产量较对照、父本、母本分别增产16.8%、25.7%、31.5%。通过超亲优势和平均优势计算换算,慈杂1号的HOBP和HOMP值分别达25.7%和28.9%。

(四)N、P、K含量

图5-5表示了4个棉种不同生育期的功能叶N、P、K含量变化。4个棉种的功能叶中N、P、K含量变化趋势相似。各棉花品系功能叶N素含量在整个生育期逐渐降低。蕾期和初花期慈杂1

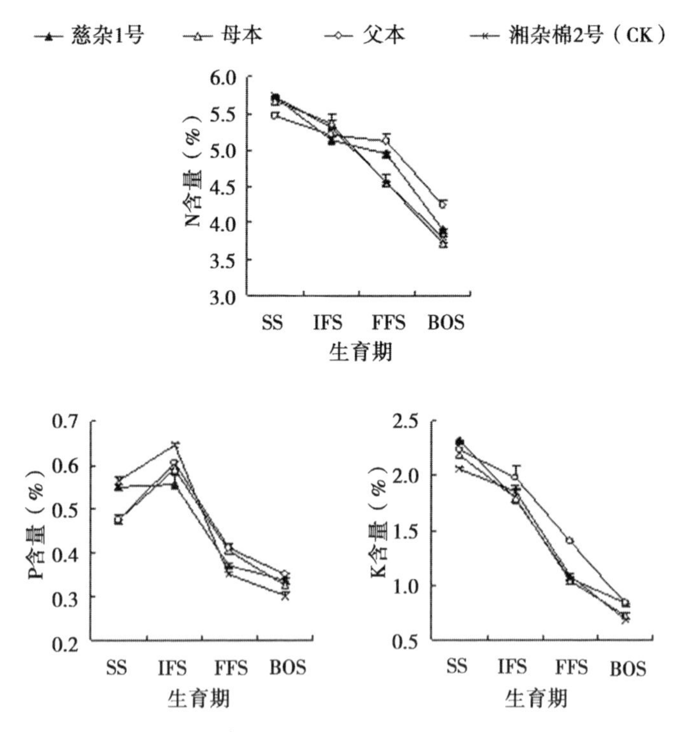

图5-5 慈杂1号与两亲本、对照品种功能叶中不同生育期N、P、K含量

号的 N 浓度与 CK 无显著差异，而在盛花和始絮期显著高于 CK，表明从盛花期至始絮期慈杂 1 号功能叶中较高的 N 素含量保证了棉花生长后期充足的养分供应。慈杂 1 号与两亲本及 CK 的功能叶中 K 含量的动态变化与 N 相类似。图 5－5 进一步显示，始絮期慈杂 1 号的 K 含量显著高于 CK 和母本，表明 K 营养可能在延缓棉株衰老上起了重要作用。与 CK 相比，始絮期慈杂 1 号的 P 含量明显较高，初花期较低，现蕾期和盛花期则无差异。

（五）生理性状

1. 叶绿素含量

图 5－6 显示了慈杂 1 号功能叶中叶绿素 a 含量整个生育期的动态变化不同于两亲本和对照。慈杂 1 号现蕾期和盛花期的叶

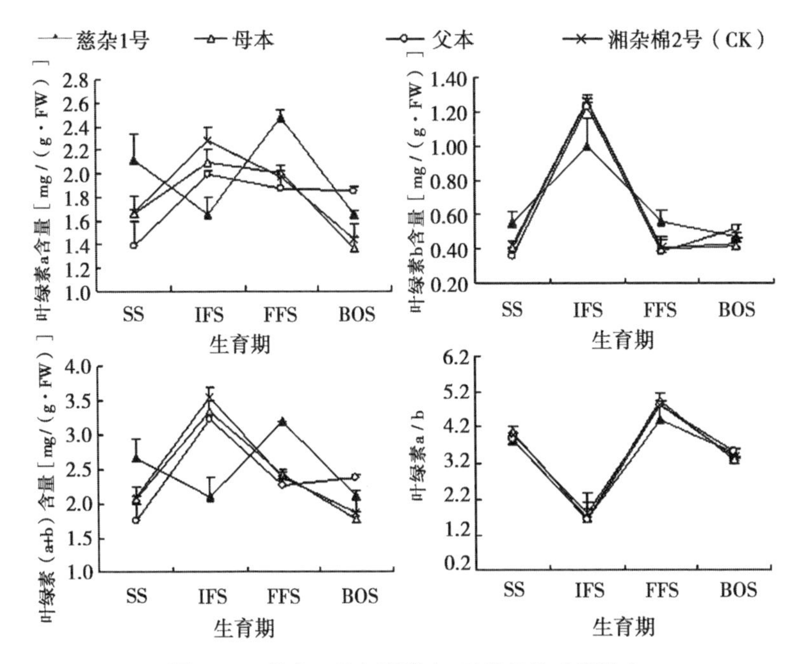

图 5－6　慈杂 1 号与两亲本、对照品种功能叶中不同生育期叶绿素含量的动态

绿素 a 含量较高,初花期和始絮期较低。母本、父本和对照三品系在各阶段的变化趋势相类似,即生长开始至初花期叶绿素含量增加,盛花期至始絮期稳步下降。叶绿素 a+b 含量的变化趋势与叶绿素 a 的变化相一致。4 个棉种比较,慈杂 1 号的叶绿素 a 含量较母本、父本、对照种分别高 23.6%、32.3%、25.6%,叶绿素 b 含量分别高 38.3%、44.5%、6.2%,叶绿素 a、b 及 a+b 含量较对照种分别高 14.1%、10.0%、13.2%,初花期则明显低于对照种。叶绿素 a/b 比例四个棉种在整个生育阶段无明显差异。

2. 可溶性糖含量

分析不同生育期 4 个棉种功能叶中可溶性糖的含量变化(图 5-7)。慈杂 1 号和母本的变化趋势相一致,即从现蕾期它们的含量逐渐增加,至盛花期达到最高值,以后快速下降。父本和 CK 的含量在整个生育期处于相对稳定中(变化不大)。C/N 比率的动态变化慈杂 1 号也与母本的变化相一致,而父本在整个生长阶段 C/N 值逐渐增加。盛花期慈杂 1 号的 C/N 值明显高于其他三品系,蕾期和初花期母本的 C/N 值最高。

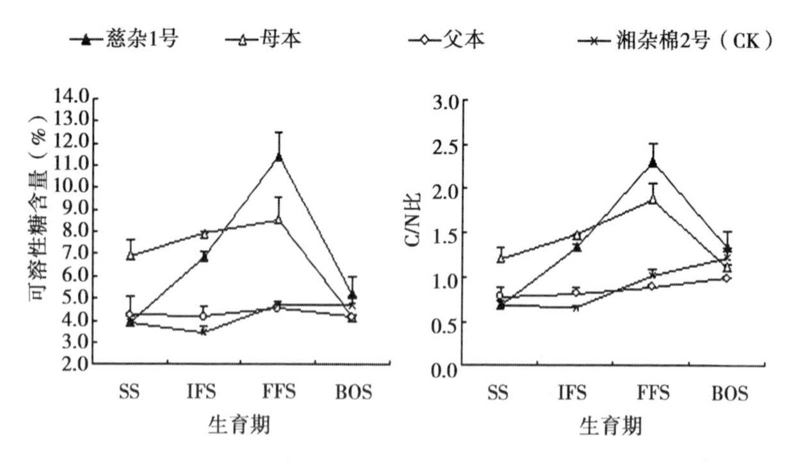

图 5-7 慈杂 1 号与两亲本、对照品种功能叶中不同生育期可溶性糖的含量

3. SOD、POD 活性和 MDA 含量

图 5－8 比较了慈杂 1 号与两亲本及对照种在不同生育期的 SOD、POD 活性和含量。蕾期慈杂 1 号的 SOD 活性显著高于其他三品系，而 POD 活性表现较低。与 CK 相比，初花和盛花期 SOD、POD 活性含量较高，始絮期无明显优势。4 个棉种的 MDA 含量随着生育进程的递进而增加，盛花期慈杂 1 号的 MDA 含量显著低于 CK，但其他 3 个生育期的 MDA 含量稍高于对照。

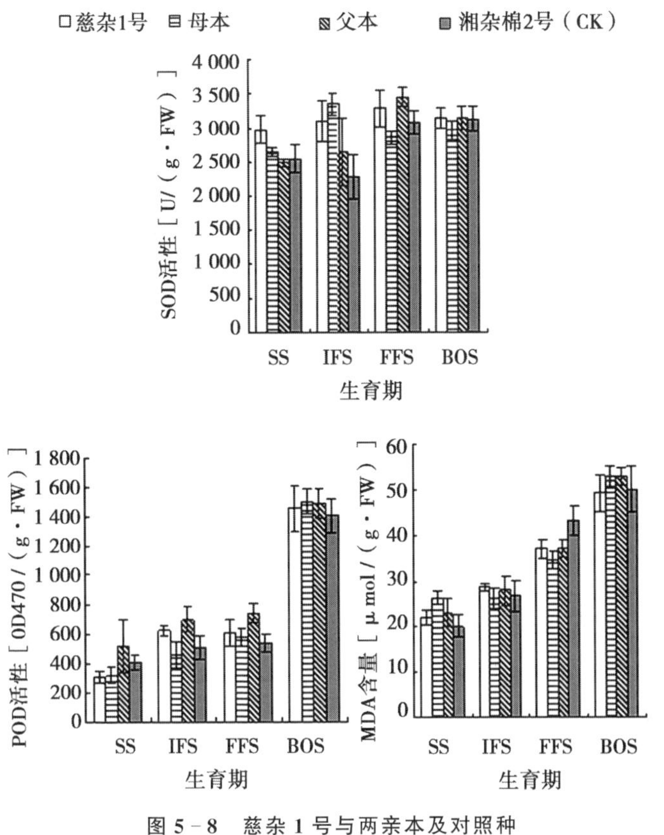

图 5－8　慈杂 1 号与两亲本及对照种不同生育期的 SOD、POD 活性和含量

4. 某些生理参数的 HOBP、HOMP 值

慈杂 1 号和两亲本的某些生理参数转换成 HOBP、HOMP、HOCH 值后列于表 5－6。现蕾和盛花期慈杂 1 号的叶绿素 a、叶绿素 b、及叶绿素 a＋b 含量具有显著的超亲优势(HOBP)、平均优势(HOMP)和对照优势(HOCH)，吐絮期的平均优势(HOMP)、超标优势(HOCH)仍然表现正值，超亲优势(HOBP)负值；而初花期 HOBP、HOMP 和 HOCH 值均为负值。盛花和始絮期慈杂 1 号的可溶性糖含量的 HOBP、HOMP 和 HOCH 优势明显，现蕾期无优势，且为负值。

表 5－6 进一步表明，与叶绿素相比，慈杂 1 号 N、P、K 浓度和 SOD、POD 活性及 MDA 含量的 HOBP、HOMP 和 HOCH 优势很小。整个生长阶段，SOD 活性的 HOCH 优势明显(正值)，POD 活性初花后 HOCH 优势明显(正值)。MDA 含量的 HOBP 与 HOMP 在现蕾和始絮期全表现负值。HOCH 在盛花和始絮期也表现负值，初花期表现正值。

表 5－6　慈杂 1 号与两亲本和对照湘杂棉 2 号及 N、P、K 的 HOBP、HOMP、HOCH 值

Item	HOBP(%)				HOMP(%)				HOCH(%)			
	SS	IFS	FFS	BOS	SS	IFS	FFS	BOS	SS	IFS	FFS	BOS
Chl a	27.4*	−21*	23.6*	−10.6	38.7*	−19.1	27.8*	2.8	26.0	−27.8*	25.6*	14.1
Chl b	35.7*	−20.1*	38.3*	−9.8	44.3*	−19.5	41.3*	0.7	30.9*	−20.6	36.2*	10.0
Chl(a+b)	52.6*	−35.0*	41.4*	−10.4*	39.8*	−36.1*	36.9*	2.3	27.0*	−40.9*	34.0*	13.2
Soluble sugars	−43.3*	−13.3*	33.8*	25.0	−29.8*	13.2*	74.6*	25.1*	−0.4	98.1*	146.0*	11.4
N	0.9	−4.1*	−3.5	−7.9*	2.8*	−2.7*	2.2	−1.6	0.3	−3.3	8.7*	2.6*
P	15.9*	−8.2*	−9.7*	−4.2	15.7	−7.1*	−9.2*	−0.7	−2.7	−14.0*	5.7	11.7*
K	3.8	−9.8	−24.1*	−0.1	5.0	−5.6	−13.0*	7.4*	12.5*	−3.7	−1.9	22.4*
SOD	12.2*	−7.4	−4.7*	0.1	15.9	4.8	5.2	3.1	33.8*	36.2*	6.9	0.5
POD	−40.1*	−10.6*	−18.2	−3.1	−22.1	12.9	−6.4	−2.8	−24.3	23.4	13.3	3.5
MDA	−4.1	5.86	7.2	−6.6	−10.1*	6.3	1.12	−6.7	9.5	7.3	−14.1*	−1.5

* 表示差异显著性。

5. 慈杂 1 号若干性状研究讨论

棉花产量的杂种优势在 1999 年已经报道。在当今研究中，慈杂 1 号产量显示明显的杂种优势（表 5－5），而且抗虫性与父本 CZN－1 相当，这与 zhang 和 tang（2000）年报道相一致。棉花杂种优势利用是提高棉花产量、抵制棉虫危害的有效途径，表明 Bt 杂交棉对中国棉花生产具有应用前景，1997 年 jing 等已作相关报道。研究结果显示，单株结铃数的杂种优势高于单铃重和衣分。与此同时，慈杂 1 号皮棉产量主要取决于单株结铃数，杂交棉选育已经考虑单株铃数的优势选择，1990 年 Meredith 作了类似报道。

1997 年 Sinha 和 Khana 认为杂交种与父母本相比从幼苗开始就表现旺盛的生长优势。然而，我们已经发现杂交种在初花期较亲本无明显优势，甚至它的叶绿素含量，N、P、K 浓度还显著低于亲本。慈杂 1 号在开花前期的形态和生长发育与亲本相接近。慈杂 1 号现蕾和盛花期的叶绿素 a、叶绿素 b 及叶绿素 a＋b 含量的 HOBP、HOMP、HOCH 优势明显；N、P、K 的 HOBP、HOMP 和 SOD、POD 活性的 HOBP、HOMP、HOCH 不十分明显。研究认为：盛花期叶绿素含量可以作为杂交组合早期选择的一项辅助指标，在此我们没有完全支持 1975 年 Sinha 和 Khana 的报道。

研究结果还显示，盛花和始絮期慈杂 1 号的可溶性糖含量，N、P 浓度较高，与母本和 CK 相比，其 MDA 含量积累较少，从而有利于生长后期棉铃纤维的发育。表明，生长后期保持较高水平的 N 素和 K 素营养，能抵制棉株衰老。因此，与常规植棉技术相比，杂交棉的生长后期合理追施 N 和 K 肥用量，利于棉花后期保持较多的营养，从而延缓衰老，并利于增加单株铃数、铃重和纤维发育。环保、低耗、最适的 N 肥和 P 肥用量有待于进一步试验研究。

第三节　慈杂系列抗虫棉品种密肥水调因子研究

一、浙江内陆地区慈抗杂3号适宜种植密度的研究

(一)试验设计

试验于2004年在浙江江山市石门镇新群村进行。土壤质地为细沙壤土，肥力中等偏高。每公顷分别为D1(21 000株)、D2(25 005株)、D3(28 005株)、D4(3 3000株)4个种植密度。小区面积16m²。3次重复，随机排列。营养钵育苗移栽，宽窄行种植。各小区氮磷钾用量相等，每公顷分别为N 450kg、P 129kg、K 409.5kg。栽培管理按一般抗虫棉生产管理。

(二)测定项目内容

1.生理指标测定

分别在现蕾期(6月8日)、初花期(6月24日)、盛花期(7月23日)、始絮期(8月20日)4个生育期，于上午8～9时每小区取功能叶(倒数第3主茎叶，打顶后为顶叶)15片，分析测定叶绿素含量，全氮(凯氏蒸馏法)、全磷(钼锑抗比色法)和全钾(火焰光度法)含量。

2.产量与纤维品质测定

吐絮期收获各小区籽棉产量，统计皮棉产量，所获数据统计分析均用LSD法进行平均数间的多重比较。纤维品质由农业部棉花品质监督检验测试中心用HVI900纤维测试仪测定。

3.生物学产量测定

始絮期各处理取棉株3株，分根、茎、叶和生殖器官(蕾、花、铃)各部位，于105℃下杀青30min后在75～80℃下烘至恒重，称干重。生理测定同上，农艺性状调查一般同。

(三)试验结果

1.密度对慈抗杂3号生理的影响

叶绿素含量现蕾期D1极显著高于D2、D3与D4，初花期、盛

花和吐絮期各处理叶绿素含量无显著差异。各处理蛋白质含量在现蕾期含量较高，初花期开始植株中蛋白质显著降低，各处理间无显著差异(图5-9)。

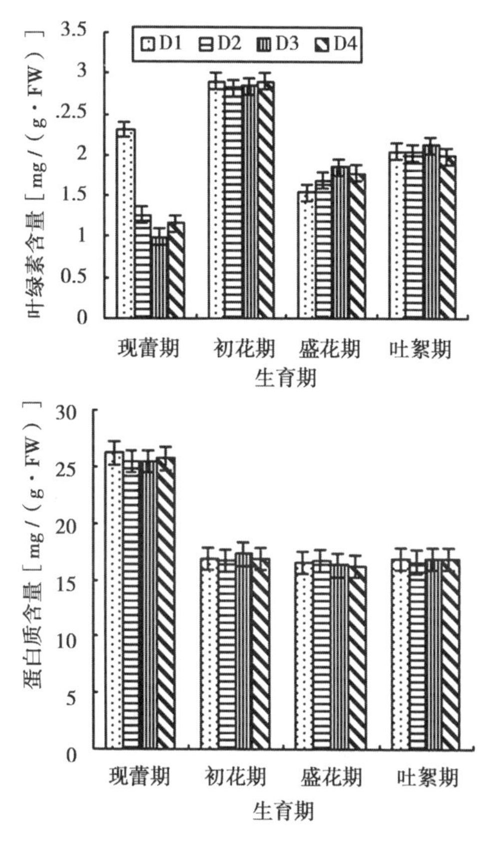

图5-9　密度对慈抗杂3号不同生育期功能叶叶绿素、蛋白质含量的影响

现蕾期、初花期和盛蕾期N、P含量不同处理间含量均较高，吐絮期N含量仍表现较高，本试验氮磷肥用量可能保证了慈抗杂3号棉株前中期营养生长稳健，中后期生殖生长旺盛。不同生育期功能叶的钾含量现蕾期含量最高，初花期开始钾含量明显减少，后期抗虫棉花易衰老可能与 K 含量明显减少相关。D1 处理植株生长空间大，个体发育充分，营养器官和生殖器官的干物质量都显著或极显著超过 3 个处理（图 5－10）。表 5－7 可见，单株总干物质积累量与密度（$r=-0.7606$）呈负相关；群体生物学产量与密度（$r=0.9132$）呈高度正相关。进一步表明 D3 与 D4 处理棉株生长稳健，而且光合产物的经济利用率相对较高，能够协调个体和群体营养和生殖生长，有利于提高经济产量。

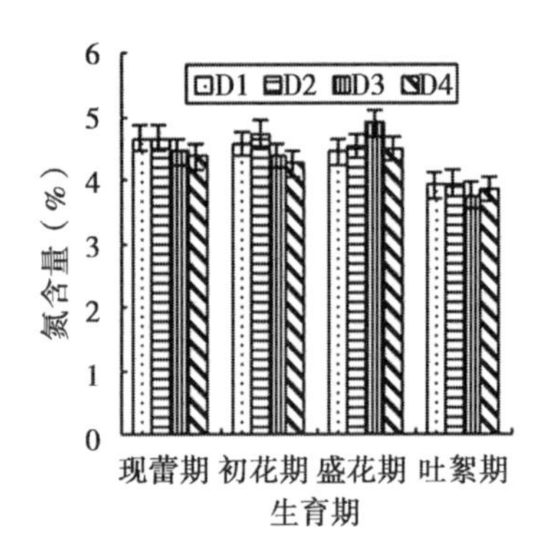

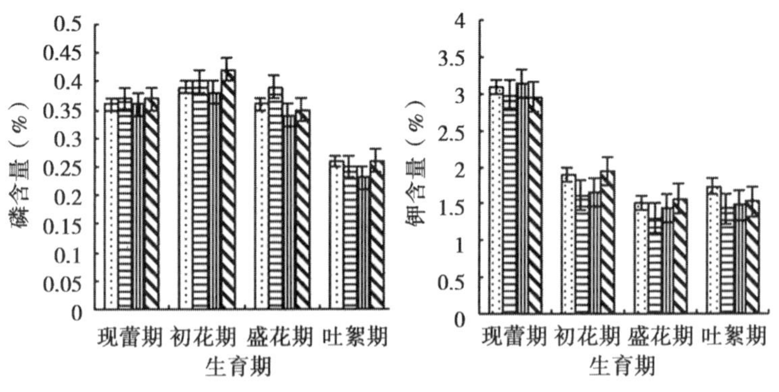

图 5－10　密度对慈抗杂 3 号不同生育期功能叶中氮磷钾养分含量的影响

表 5－7　密度对慈抗杂 3 号干物质积累与分配的影响

单位：g/株

处理	群体生物学产量	单株干重	叶	根	茎	营养枝	果枝	蕾花铃	经济利用率（%）
D1	590.58	281.25 aA	66.70 aA	12.55 aA	43.80 aA	16.21 aA	37.52 aA	104.47 aA	37.1
D2	579.93	231.97 aA	51.44 bB	10.54 aA	39.57 aA	12.27 bA	28.34 aA	89.81 aA	38.7
D3	643.97	229.99 aA	49.78 bB	11.90 aA	42.87 aA	13.17abA	29.33 aA	82.94 aA	36.1
D4	763.59	231.39 aA	49.82 bB	11.31 aA	37.79 aA	12.39 bA	30.66 aA	89.42 aA	38.6
*r**	0.91	−0.76	−0.80	−0.39	−0.73	−0.74	−0.59	−0.69	

*r**：各列与密度的相关系数

2. 密度对慈抗杂 3 号产量的影响

表 5－8 可见，产量和总铃数随密度增加呈显著或极显著增加趋势。密度过稀会影响棉花产量的形成，不利于棉花丰产高产，应在 D2 水平的基础上提倡应用 D3、D4 水平的种植密度。

表 5－8　密度对慈抗杂 3 号产量形成及产量性状的影响

处　理	总桃数（个/hm^2）	单铃重（g）	衣分（%）	皮棉产量（kg/hm^2）
D1	1 021 995cC	6.1	41.36	2 478.0bB
D2	1 102 005bBC	6.3	40.98	2 656.5aAB
D3	1 153 005abAB	6.3	41.42	2 716.5aAB
D4	1 210 005aA	6.3	41.39	2 778.0aA

3. 密度对慈抗杂 3 号纤维品质的影响

如表 5－9 所示，从纤维长度上看：前期花低密 D1 与高密 D

间有显著差异，D1 长点，密度对中期花、后期后无显著差异。马克隆值上看：前期花 D2 与 D3 间有显著差异，中期花各密度间无差异，前、中期花都属于优质Ⅰ型；后期花高密 D4 栽培条件下为Ⅱ型（4.8），显著粗于各个密度（4.2～4.3）。比强度上看：前期花低密 D1 显著高于 D2、D3、D4，中期花、后期花密度间无显著差异。密度对前期花和后期马克隆值表现有显著或极显著差异。

表 5－9　密度对慈抗杂 3 号不同时期纤维品质的影响

纤维品质	处理	日　期（月/日）		
		8/30	9/30	10/30
纤维长度（mm）	D1	30.9aA	29.3abcA	29.3abcA
	D2	29.9abcA	29.4abcA	29.9abcA
	D3	29.4abcA	29.2bcA	30.3abcA
	D4	29.2bcA	29.1cA	30.8abA
马克隆值	D1	3.9cdCD	4.1bcBCD	4.3bcBC
	D2	4.1bcBCD	4.2bcBCD	4.3bcBC
	D3	3.7dD	4.4bABC	4.2bcBCD
	D4	4.0cdBCD	4.5abAB	4.8aA
比强度（tex/CN）	D1	31.9abAB	32.1ababAB	32.2abAB
	D2	29.2bcAB	32.4abAB	32.0abAB
	D3	28.3cAB	32.1abAB	32.8aA
	D4	28.1cB	31.8abAB	32.4abAB
均匀度指数	D1	159.3aA	152.0abcA	148.3abcdAB
	D2	137.7bcdAB	150.7abcdAB	155.7aAB
	D3	135.3cdB	147.3abcdAB	154.0abAB
	D4	134.3dB	145.7abcdAB	155.0aAB

收获期上看：慈抗杂3号不但前中期纤维品质较优，后期（10/30）的纤维长度、比强度和纺纱均匀度指数还不同程度地超过前中期花（表5-9）。

4. 结论

慈抗杂3号在纯氮用量450kg/hm^{2}条件下，种植密度为28 005～33 000株/hm^{2}能较好地协调营养生长与生殖生长、个体生长与群体生长，使总桃数和皮棉产量达最高，且整个生育期N、P含量较高，棉株生长正常，高产潜力较大。

二、浙江沿海地区适宜施肥量与种植密度的试验

（一）慈抗杂3号适宜施肥量与种植密度试验研究

1. 试验设计

供试品种为慈抗杂3号F_1代。试验于2003年在慈溪农科所实验地进行，实验地土壤质地为粉沙壤土，肥力中等偏高。氮肥试验设施N5水平：99、132、165、198、231kg/hm^2，分别记作N1、N2、N3、N4、N5，种植密度37 500株。密度试验设5水平：22 500、30 000、37 500、45 000、52 500株/hm^2，分别记作D1、D2、D3、D4、D5，各处理施纯氮165kg/hm^2。随机区组排列，重复3次，小区面积16m^2。此外，各小区均施磷82.5kg/hm^2，钾132kg/hm^2。4月28日播种。其他栽培管理同一般大田，棉铃虫、红铃虫等鳞翅目害虫根据虫情酌情防治。

2. 调查项目

（1）“三桃”调查。8月15日，9月15日各小区逐株调查结铃数，统计每公顷伏桃、秋桃及总铃数。

（2）农艺性状调查。9月30日各小区定株10株，调查单株结铃数、结铃分布和结铃率。

（3）皮棉产量测定。吐絮期分小区收获籽棉，轧花统计皮棉产量。所获试验数据统计分析均采用LSD法进行平均数间的多重比较。

3. 试验结果

（1）不同氮肥施用量对抗虫杂交棉慈抗杂3号产量形成的影

响。由表5－10可知，“三桃”调查结果各处理间伏桃数以N3、N4处理居多，均显著高于N5处理，与N1和N2无显著差异；秋桃数随氮肥用量增加呈递增趋势，但各处理间无显著差异；总铃数以N3、N4处理最高，分别极显著高于N1、N2和N5。因此，从三桃形成及施氮效率考虑，施氮用量以N3处理效果最佳。N4处理总铃数虽与N3相当，但由于秋桃数明显增加，容易导致贪青晚熟，从而影响纤维品质的提高，同时氮施用过量后流失由此可能造成水土污染。进一步回归分析，建立总铃数（y）与施氮水平（x）的回归模型：$y=-8.9535x^2+3\ 169.3x+529\ 035$（$n=15$）；对模型求导，获得最高总铃数$y_{max}=809\ 490$个/$hm^2$时，适宜施氮量（$x$）为177kg/$hm^2$。

表5－10　氮素营养对抗虫杂交棉慈抗杂3号“三桃”形成的影响

处　　理	伏桃（个/hm^2）	秋桃（个/hm^2）	总铃数（个/hm^2）
N1	604 575abA	159 840aA	764 415bB
N2	609 330abA	160 155aA	769 485bB
N3	638 235aA	178 830aA	817 065aA
N4	635 100aA	180 510aA	815 610aA
N5	593 955bA	182 910aA	776 865bB

注：a，b，AB分别表示0.05，0.01水平差异显著性。下同

结铃动态表5－11表明，氮素营养改变了抗虫杂交棉慈抗杂3号的纵向和横向结铃分布。从纵向结铃分布看，慈抗杂3号中下部果枝结铃比例随氮素营养影响不大，上部果枝随氮素营养水平增加呈递增趋势，N2、N3、N4、N5上部结铃比例平均比N1增加3.35。横向结铃分布，各处理随着氮素水平增加，内围结铃比例呈递减趋势，N5比N1显著减少4.7，N4、N3、N2内围结铃比例

平均比 N1 减少 2.43，与 N1 处理间无显著差异。说明合理施氮（N3 和 N4）慈抗杂 3 号能在稳结中下部桃的基础上夺得上部桃，同时，在保证内围果节结铃率的前提下，进一步增结外围铃。

表 5－11　氮素营养对抗虫杂交棉慈抗杂 3 号结铃分布的影响

处理	单株结铃数（个/株）	纵向结铃分布比例（%）			横向结铃分布比例（%）		结铃率（%）
		上部结铃	中部结铃	下部结铃	内围结铃	外围结铃	
N1	20.4bB	15.83aA	35.79aA	48.35aA	74.87aA	25.00bA	29.50aA
N2	20.5bB	17.00aA	35.62aA	47.37aA	73.77aA	25.52bA	28.40abAB
N3	21.8aA	18.63aA	36.03aA	45.34aA	71.78abA	28.34abA	27.89bAB
N4	21.8aA	19.78aA	33.84aA	46.38aA	71.76abA	28.24abA	27.94bAB
N5	20.7bB	21.29aA	34.27aA	44.44aA	70.17bA	29.83aA	26.85bB

表 5－12 表明了籽指、衣分测定结果。增施氮肥能使籽指略有增加，铃重和衣分在适量施氮下会有所增加，但随着氮肥用量的继续增加，衣分和铃重明显减少。皮棉产量以 N3 处理为最高，显著高于 N1 和 N5，与 N2 和 N4 无显著差异。霜前皮棉产量以 N2、N3、N4 处理为高，均显著高于 N5 处理。表明过量施氮会导致贪青晚熟。进一步回归分析，建立皮棉产量（y）与施氮水平（x）的回归模型：$y=-0.0132x^2+4.4133x+925.93(n=15)$。对模型求导，获得最高皮棉产量 $y_{max}=1\ 294.6kg/hm^2$ 时，适宜施氮量 x 为 $167.1kg/hm^2$。

（2）不同种植密度对抗虫杂交棉慈抗杂 3 号产量形成的影响。由表 5－13 可知，“三桃”调查结果，伏桃数以 D4 处理最高，比 D2 和 D1 分别显著和极显著提高 15.91%和 35.73%，比 D3 和 D5 分别提高 4.35%和 5.79%，且与 D3 和 D5 间无显著差异。总铃数也以 D4 处理最高，比 D1、D2、D3、D5 平均提高 7.24%，但各处理间无显著差异。单株结铃数调查结果(表 5－13)表明,随密度增大单株结铃数极显著减少,D2、D3、D4、D5 单株结铃数平均比 D1 减少 34.24%。表明在低密度(D1、D2)条件下,虽然个体生产力较高,但群体不足,影响了总体生产力的发挥;高密度(D5)条件下群体偏大,制约个体生产力的发挥。只有合理密植(D4),才有利于最佳生产力的发挥。

表 5－12　氮素营养对抗虫杂交棉慈抗杂 3 号主要产量构成因子的影响

处理	霜前皮棉产量		皮棉产量	铃重	衣分	籽指
	(kg/hm²)	占比(%)	(kg/hm²)	(g)	(%)	(g)
N1	1 147.35abA	92.79	1 236.45bA	5.50	39.6abA	9.53
N2	1 189.20aA	93.57	1 270.95abA	5.51	40.5aA	9.87
N3	1 187.10aA	91.66	1 295.10aA	5.75	40.1aA	9.87
N4	1 188.15aA	92.34	1 286.70abA	5.63	39.8abA	10.00
N5	1 129.05bA	91.31	1 236.60bA	5.40	38.9bA	10.13

表 5－13　种植密度对抗虫杂交棉慈抗杂 3 号"三桃"形成的影响

处理	伏桃(个/hm²)	总铃数(个/hm²)
D1	529 995cB	715 935bA
D2	620 625bAB	817 800aA
D3	689 370abA	819 690aA
D4	719 370aA	851 550aA
D5	679 995abA	822 795aA

由表 5－14 表明了结铃分布状况:种植密度改变了抗虫杂交棉慈抗杂 3 号的横向和纵向结铃分布。从纵向结铃分布看,同等

肥力水平条件下，下部结铃比例以 D1 最高，比 D2、D3、D4、D5 平均提高 9.74。中上部随密度增加逐渐增多，至 D4 条件下最多。表明低密条件下能最大限度地发挥下部果枝的结铃，适宜密度（D4）下能较好发挥中下部果枝的结铃，从而有利于优质铃的形成。密度过高（D5）秋桃形成较多，影响棉花的产量和质量。从横向结铃分布看，同等肥力水平条件下，内围结铃比例以 D4 最高，分别比 D1 和 D2 增多 16.63 和 9.17，与 D3 和 D5 间无显著差别；外围果枝的结铃比例以低密度下提高幅度最大，达 13.02 个百分点。

表 5-14　种植密度对抗虫杂交棉慈抗杂 3 号结铃分布的影响

处理	单株结铃数（个/株）	纵向结铃分布比例（%）			横向结铃分布比例（%）		结铃率（%）
		上部	中部	下部	内围结铃	外围结铃	
D1	31.80aA	14.65aA	30.98aA	54.38aA	60.70bA	39.31aA	31.84aA
D2	27.25bB	17.54aA	35.02aA	47.45aA	68.16bA	31.85abA	32.29aA
D3	21.85cC	17.75aA	36.18aA	46.08aA	75.69aA	24.32bA	29.97aAB
D4	18.90dCD	19.29aA	37.57aA	43.14aA	77.33aA	22.68bA	28.06abAB
D5	15.65eD	21.21aA	36.90aA	41.89aA	73.69abA	26.31abA	23.75bB

由表 5-15 可见，衣分和籽指随密度变化不大，铃重随密度增大递减明显。皮棉产量以 D4 最高，分别比 D2 和 D3 显著增多 4.90%和 4.79%，比 D1 极显著增多 15.37%，与 D5 无显著差异。进一步回归分析，建立皮棉产量（y）与种植密度（x）的回归模型：$y=-29.162x^2+264.36x+682.15$（样本数 $n=15$），对模型求导，获得最高产量 y_{max}时的适宜种植密度（x）为 45 330 株/hm²，皮棉最高产量为 1 281.3kg/hm²。

表 5-15 种植密度对抗虫杂交棉慈抗杂 3 号主要产量构成因子的影响

处理	霜前皮棉产量		皮棉产量	铃重	衣分	籽指
	(kg/hm²)	占比(%)	(kg/hm²)	(g)	(%)	(g)
D1	1 012.95cC	90.21	1 122.75cB	5.68	39.8aA	9.93
D2	1 093.20bBC	88.53	1 234.95bA	5.60	39.7aA	10.00
D3	1 096.65bBC	88.71	1 236.15bA	5.43	39.4aA	9.87
D4	1 189.95aA	91.86	1 295.40aA	5.43	39.8aA	9.73
D5	1 178.25aAB	93.24	1 263.75abA	5.38	39.2aA	9.80

4. 小结

本试验条件下抗虫杂交棉慈抗杂 3 号的适宜种植密度和氮素施用量与产量之间符合抛物线回归，在 45 315 株/hm^2 密度下，有利于提高慈抗杂 3 号的结铃率和优质铃的比率，实现高产优质。在 167.1～177.0kg/hm^2 氮素施用量下，慈抗杂 3 号能在稳结中下部桃的基础上夺得上部桃，同时，在保证内围果节结铃率的前提下，进一步增结外围铃。

（二）慈杂 1 号适宜施肥量与种植密度试验研究

1. 试验设计

供试品种为慈杂 1 号 F_1 代种子。试验于 2007 年慈溪市农业创新园区进行，试验地土质为粉沙壤土，肥力中等。试验采用裂区设计，主处理为氮肥，副处理为密度。主处理施氮每公顷设 195kg、300kg 和 405kg 3 个水平。副处理密度每公顷设 21 000 株、27 000 株和 33 000 株 3 个水平。各小区 NPK 的用量按 N：P：K＝1：0.5：0.8 进行。随机排列，重复 3 次，小区面积 13m^2。本试验于 4 月 19 日播种，5 月 8 日移栽。其他栽培管理同一般抗虫棉生产。

2. 调查项目

(1)"三桃"调查。8 月 15 日,9 月 15 日各小区逐株调查结铃数,统计每公顷伏桃、秋桃及总铃数。

(2)农艺性状调查。9 月 30 日各小区定株 10 株,调查单株结铃数、结铃分布和结铃率。

(3)皮棉产量测定。吐絮期分小区收获籽棉,轧花统计皮棉产量。所获试验数据统计分析均采用 LSD 法进行平均数间的多重比较。

3. 试验结果

(1)不同肥力水平的产量表现。

表 5-16　不同肥力水平慈杂 1 号的产量

处理		籽棉产量 (kg/hm^2)	皮棉产量 (kg/hm^2)	衣分 (%)	单铃重 (g)
N1	D1	3 918.75aA	1 563.60aA	39.9	5.38
	D2	4 054.20aA	1 601.40aA	39.5	5.49
	D3	4 074.30aA	1 597.20aA	39.2	5.34
	平均	4 015.80	1 587.45	39.5	5.40
N2	D1	3 844.80aA	1 507.20aA	39.2	5.60
	D2	3 929.70abAB	1 544.40aAB	39.3	5.54
	D3	4 007.55bB	1 575.00bB	39.3	5.44
	平均	3 927.30	1 542.15	39.3	5.53
N3	D1	3 948.45aA	1 571.55aA	39.8	5.77
	D2	4 159.95aA	1 634.85aA	39.3	5.62
	D3	4 177.50bA	1 641.75bA	39.3	5.60
	平均	4 095.30	1 616.10	39.5	5.66

3种施肥水平下，N3施肥水平的平均产量最高；各个施肥水平中产量均随密度增加而递增，但递增幅度不尽相同(表5-16)。低肥水N1与中肥水N2条件下，随密度递增籽皮棉产量不显著，较高肥水N3管理条件下，D1增加到D2，籽棉产量增产幅度最大，为5.36%，皮棉增产4.03%，表明太低的施肥水平无法满足个体与群体的生长，无法挖掘产量潜力。

(2)不同种植密度的产量表现。3种种植密度下，籽皮棉产量随密度增加而增加，各个种植密度内，随施肥量增加籽皮棉产量呈现折线趋势，至N3施氮水平下籽皮棉产量达到最高(表5-17)。单铃重随种植密度的增加呈现下降趋势。

表5-17　不同种植密度下慈杂1号的产量表现

处理		籽棉产量 (kg/hm^2)	皮棉产量 (kg/hm^2)	衣分 (%)	单铃重 (g)
D1	N1	3 918.75aA	1 563.60aA	39.9	5.38
	N2	3 844.80aA	1 507.20aA	39.2	5.60
	N3	3 951.00aA	1 572.45aA	39.8	5.77
D2	N1	4 054.20aA	1 601.40aA	39.5	5.49
	N2	3 929.70aA	1 544.40aA	39.3	5.54
	N3	4 159.95aA	1 634.85aA	39.3	5.62
D3	N1	4 074.30aA	1 582.20aA	39.2	5.34
	N2	4 007.55aA	1 575.00aA	39.3	5.44
	N3	4 177.50aA	1 641.75aA	39.3	5.60

(3)品质表现。各个施肥水平对同一品种中部铃的长度、比强度和马克隆值总体影响不大，同一施肥水平中，中部铃纤维长度和比强度均随密度增加略为下降。随种植密度的增加，中部铃的长度、比强度略为下降(表5-18)。

表 5-18　不同肥力与种植密度下的品质表现

处理		长度(mm)	比强度(cN/tex)	马克隆值
	D1	29.89	30.5	4.82
N1	D2	29.24	31.7	5.35
	D3	27.54	28.1	5.37
	D1	28.69	30.6	5.25
N2	D2	28.23	29.9	4.98
	D3	28.56	29.5	5.17
	D1	28.63	30.6	5.20
N3	D2	28.01	28.8	5.46
	D3	27.48	29.4	5.17
	N1	29.89	30.5	4.82
D1	N2	28.69	30.6	5.25
	N3	28.63	30.6	5.20
	N1	29.24	31.7	5.35
D2	N2	28.23	29.9	4.98
	N3	28.01	28.8	5.46
	N1	27.54	28.1	5.37
D3	N2	28.56	29.5	5.17
	D3	27.48	29.4	5.17

4. 结论

慈杂 1 号的最适组合为 N3D3。即施 N 405kg/hm^2 施肥水平下，其最适密度为 33 000 株/hm^2，这个组合能较好协调个体生长与群体生长，且能夺得籽皮棉产量最大化。

第六章　慈杂系列抗虫棉花的高产栽培

第一节　播种育苗

播种育苗是棉花生产的首要环节，是棉花生产技术的重要组成部分。棉花播种育苗有多种形式，如大田直播、营养钵育苗、穴盘育苗等。随着农业现代化的发展，无土育苗移栽（棉花“两无两化”栽培技术）已从试验走向应用的发展阶段，逐步发展成大面积推广的新技术。

一、营养钵育苗

棉花营养钵育苗（图 6－1）是传统栽培技术一次变革。采用棉花营养钵育苗，不仅能克服自然条件的制约，充分发挥增产潜力，有效地提高棉花产量和品质，增加经济效益，而且将其作为一项配套技术应用于棉花生产上，可以完善棉花套种（如棉麦套种、棉豆套种、棉花玉米套种、棉花花生套种）等一系列栽培模式，为间作套种闯出新路子，为我国棉花生产一播全苗和迟发晚熟做出巨大贡献。

图 6－1　营养钵育苗

（一）营养钵育苗的优点

（1）有利于提高棉苗质量，培养大壮苗。

(2)有利于提高棉花的抗灾能力,夺取全苗。

(3)有利于棉花适时早播,提高复种指数,夺取两熟双高产。

(4)有利于高产优质品种和节约用种。

(5)有利于错开农事季节。

(二)营养钵育苗的关键技术

1.育苗前的准备

【种子】

(1)品种选择。选用高产、优质、兼抗(耐)枯萎病和黄萎病的中早熟优质杂交品种或转基因抗虫棉品种,要求结铃性强。大田种植的品种必须是经过全国或省级农作物品种审定委员会审定通过的,并适合当地环境条件下种植的棉花品种。慈杂系列抗虫棉花适宜于长江流域棉区。

(2)种子处理。使用经泡沫酸、稀硫酸脱绒,并用适当种衣剂包衣的种子。

浓 H_2SO_4 脱绒可以消除种子外部的病菌,控制枯萎病、黄萎病的传播。利于精选种子提高发芽率;便于精量播种,有利于一播全苗等。

(3)播种前应对种子进行粒选,剔除瘪籽、嫩籽、破籽、杂籽、虫籽、特大与特小种子等畸形籽,并利用晴好天气晒种 2～3 次,促进种子完成后熟,增强种子活力。但晒种不宜太厚,遇高温天气不宜在石板或水泥场地直接晒种。

做好种子消毒处理。用棉种重量的 0.5%～1%多菌灵药粉拌种,防治炭疽病、红腐病、黑斑病、立枯病等病害。

【苗床】

(1)选好苗床。棉花育苗苗床的选择,应与移栽大田相靠近。以背风向阳、排灌方便、土质较好的无病地块为主,苗床与大田比例为 1∶(15～20)。忌用重茬床基,苗床地要经过冬翻和多次春翻,使土壤疏松、整细。苗床四周开好围沟,做到床高沟深。苗床四周应有一定的空间,尽量避免前茬作物起身拔节后影响苗床的光照与通风。

(2)培肥床土。结合苗床春耕翻整、熟化土壤,施好肥料,培肥床土。一般每个标准苗床(可供0.067公顷即1亩大田移栽用苗)可在制钵前10d左右,用碳胺1.5～2kg,过磷酸钙7.5kg,氯化钾1.5～2kg,在制钵前投入。各种肥料与床土要充分拌匀,并清除粗硬杂物。准备盖籽泥,盖籽泥要细并清除粗硬杂质。

2. 及时精细制钵

提倡热钵播种。应选用7cm左右钵径、净空高度10cm的制钵器,于播种前3～5d制钵。制钵时,要求做到床底平整、水分均匀(以手握成团,齐胸落地即散为宜)、高度一致、钵体摆放紧密整齐。制钵前土面撒上干草木灰或生石灰,以消毒杀菌和杀灭地下害虫。

制钵数量应比大田实际栽植密度增加50%左右。即按每公顷22 500～27 000株的栽种密度,一般的抗虫杂交棉每公顷制钵量应不少于33 750～40 500只。

制钵结束,钵床四周要围壅泥土,做好床埂,床埂高度一般略高于钵面即可,并在四周预挖三沟,抬高床基。钵床及多余床地用薄膜平铺覆盖,以防天气阴雨造成对钵床的损毁,防止盖籽用的细土水分散失,为播种做好充分准备。

3. 适时播种

在3月底到“清明”前后,当气温稳定通过8℃,且有连续3d以上的晴好天气过程出现时,即行突击播种。南方蚕豆套棉田一般4月初左右播种,油菜田4月20播种。

用水淋透营养钵,直到底部向外渗出水为准。每钵播精加工棉种2粒(一般用种量为6kg/hm^2),用指肚轻按,盖土厚度以1～2cm为宜,钵间用细土填满;盖土后床面要保持平整并用800倍液的敌克松和乙草胺或丁草胺除草剂防治草害。

4. 播后管理

(1)保温保湿催出苗。搭好支架,棚架高50cm,支架间距离以

1m左右为好。支架上要盖好天膜，做到保温、保湿催出苗。齐苗前薄膜一般以密封为主，以最大限度地提高棚内温度。一般播后7～10d可陆续出苗。

（2）防高温烧苗，注意床温调节。播种后4～5d，棉苗开始出土，如果恰逢晴天中午温度较高时容易弯头烧苗，因此，要及时去掉内膜。或是由于苗棚多来不及揭膜，看晴天温度升高较快，在早上9～10点钟及时盖上遮阳网。床温控制在40～45℃为宜，掌握高温齐苗原则；齐苗至一叶期，床温控制在25～30℃为宜，掌握适温长叶原则（高温高湿易诱发苗病和高脚苗）；一叶至二叶期：床温控制在20℃左右，晴天揭开苗床两头，夜间关闭，阴雨天全天覆盖，掌握降温促发原则；二叶期以后：苗床调温可采用日通夜闭、通风不揭膜、日揭夜盖和揭膜炼苗等处理方法。

（3）及时间苗定苗。棉花出苗后，及时进行间苗和病虫害防治。一般间苗要求叶不搭叶，当有一片真叶时进行第一次间苗，1叶1心～2叶时定苗。

（4）搬钵蹲苗。搬钵"蹲苗"是棉花营养钵育苗苗床管理中的重要措施。搬钵蹲苗的方法及注意事项如下：①搬钵时间要适宜。棉苗二叶一心期，棉苗根系有少数新根穿出钵外时为搬钵适宜时期。一般中熟品种即将进入花芽分化阶段，这时搬钵蹲苗能起到控上促下、先控后促、提高棉苗素质的作用。如果棉花有些徒长，选择无风晴天，及时搬钵。②摆放苗钵要合理。塑膜育苗一般外行温度低，易形成小苗弱苗，搬钵重新摆放要内行与外行调换，并按大小苗分类排放，小苗放里面，使其受温均匀，小苗赶上大苗，促进棉苗平衡生长。③搬钵后管理要加强。苗钵搬动后要加强以补土、补肥、补水和增温为中心的管理工作。④搬钵天气要选择。搬钵蹲苗一般在移栽前10d左右进行，一般选择膜外气温稳定在18～25℃的无风晴天操作，以防止低温、大风的侵袭。同时在揭膜搬钵前应先搞好通风，调节温度，防止温差过大而使棉苗伤风蔫叶。

二、轻简化育苗技术

随着劳动力成本的与年俱增，加上营养钵育苗管理用工多、劳动强度大等因素，导致南方棉花规模化种植和经济效益的提高受到了很大的限制。

图 6-2　棉花轻简化育苗

轻简化育苗（图 6-2)(基质穴盘育苗)是营养钵育苗的替代技术，具有苗床成苗率高、移栽成活率高、产量高、省种、省工、省力、省时、省地适宜大面积种植的优点，能极大减轻棉农的劳动强度、降低农业生产成本。据测算，与营养钵育苗相比，基质育苗用种成本下降 34.5%，育苗用工成本下降 25%，苗床成苗率提高 25%，大田移栽成活率与营养钵苗接近，而且减轻了劳动强度，大幅减少了农药和杀菌剂的使用，每公顷至少可节约成本 4500 元左右。

并且轻简化育苗灵活，可在房前屋后分散育苗，也可采用规模化集中育苗，可与机械化移栽相结合，为棉花轻型机械化奠定基础。轻简化育苗技术育苗又可分为基质苗床和基质穴盘二种。

(一)物质准备

移栽密度按每公顷为 22 500～27 000 株计算，苗床净面积 45m^2，备种 6kg，促根剂 2 250ml，保叶剂 1 200g。育苗基质(重量 12.5kg，体积 80L)30 袋，干净河沙 37.5 袋，两者充分混合铺床。另备竹弓、农膜和地膜等。其中，育苗基质配比一般采用东北泥炭：珍珠岩为3：1，再添加 1kg/m^3 基质过磷酸钙，以增加磷的供应能力。

(二)建棚建床

标准大棚宽 5～6m，顶高 2.0～2.5m，侧高 1.0～1.2m，拱杆

间距1.0～1.1m。选择背风向阳、运输方便的地方建棚。

采用基质苗床时，棚内走道宽30cm，床宽100～120cm，高12cm，用砖和木板围成；床底铺农膜，膜上装混合均匀育苗基质厚10cm。

采用穴盘基质育苗时，宜选择采用50穴的穴盘。做盘方法为先在穴盘上加满基质，顿盘后刮平即可。

（三）播种

在30℃的光照培养箱内进行24h催芽播种，种子芽长0.5cm左右播种于穴盘或基质苗床中，按移栽时间倒推播种时间，规模化育苗，需分期分批播种。播前浇足底墒水，以手握成团、指缝间有水滴渗出为宜，基质苗床播种时，行距10cm，沟深2～3cm，粒距1.5～1.8cm，穴盘播种时，做到每穴1～2粒苗，然后覆盖基质0.5～1cm，稍压实，再撒一层混有1%霜疫净的珍珠岩后覆盖地膜。

（四）苗期管理

1.温度调控

播种到出苗适宜温度25～30℃；50%左右种子顶土出苗后揭地膜，出苗至子叶平展期保持棚温20℃左右，待棉花出苗率达到60%左右后，揭去覆盖物，进行通风透光。

2.促根与化控

齐苗时用促根剂100倍液，均匀浇灌行间幼苗根部。同时喷施100mg/L多效唑调控下胚轴高度，如出苗后遇连续阴雨天气，3d后再用50mg/kg多效唑进行调控以培育壮苗。

3.水分管控

在秧苗出土前，以保墒为主，出苗后浇水一次；在真叶抽生之前，应尽量将介质控制在湿润偏干为好，为发根和控制秧苗徒长创造良好条件；当苗的真叶长出时，可以适当增加湿度，做到半干半湿，以利于根系生长。浇水时间一般下午3时至7时为宜，中午11时至下午3时气温高时一般不浇水。

(五)炼苗

子叶平展后炼苗。方法是在自然通风条件下适当采取控水炼苗。棉花是直根系作物,极易在苗床中扎根,因此隔天移盘处理。

(六)苗床病虫害防治

在棉花齐苗后,应注意预防苗病,可在齐苗后3～4d开始喷施杀菌剂,可用1 000倍的多菌灵防治炭疽病。苗床虫害多以蚜虫为主,用一遍净1 500倍进行防治。

(七)轻简栽培时的注意事项

1. 基质保存与再利用

育苗结束时,晒干育苗基质,除去杂物,装入袋中保存,基质再利用时要培肥,每立方米基质用50%多菌灵消毒,加腐熟鸡粪2～3kg或磷酸二铵0.5kg左右充分混合。

2. 防治倒苗和翘根

基质苗床划行播种时,很难保证播种达到3cm深的要求,可在播种后用1根长1m、宽10cm、1.5cm厚的木板块整理床面,用其1.5cm厚的一面沿播种沟先镇压种子,然后再抹平苗床基用喷壶适量补水即可。

3. 出苗前防烧苗

当最高气温达到30℃时对未出苗而不能通风降温的苗床,应适当搭遮阳网控温,以防烧苗。

三、棉花“两无两化”栽培技术

棉苗“两无两化”栽培是指棉花无土育苗、无载体(单苗)移栽与育苗工厂化和移栽机械化技术的总称。2003—2004年中国农业科学院棉花研究所在河南安阳、鹿邑,江苏射阳,安徽灵璧等地示范330hm^2,移栽成苗率高达99%,其生长情况良好,与有土育苗、有载体移栽的营养钵育苗移栽棉生长状况相当(图6-3)。2006年示范县达到180个,示范面积扩大到6万多公顷。

(一)技术优点

生产试验推广表明,该技术具有“三高五省”的优点。

图 6-3　棉花两无两化育苗移栽

1. 三高

(1)苗床成苗率高。按规定建设苗床和简化管理,种子质量符合标准,大多数苗床的成苗率达到 95%~100%,可明显降低烂籽、烂芽和死苗的风险。

(2)移栽成活率高。裸体苗移栽的成活率达至 95%,按规定的苗龄 2~3 片真叶移栽,成活率则达到 100%。按“栽棉如栽菜”要求,返苗时间 3~5d,与营养钵相当。

(3)效益高。据各试验点测算,每亩可增产达 6%~20%,增效 80~136 元。

2. 五省

(1)省种。“一亩种子两亩苗”,节省精加工包衣籽 50%~70%。

(2)省地。苗床面积与大田移栽面积之比为 1∶100~1∶110,省地 50%以上;还可在房前屋后育苗,可实行规模化或工厂化育苗。

(3)省时。育苗周期短,早育需时 25d,迟育需时 20d 左右,育同等苗龄的苗,比营养钵播种出苗缩短 3d,二片真叶期缩短 4~5d。这是因为基质导热性能好,热容量大,所以出苗快和生长快。

(4)省力。“两篮苗子栽一亩地”,起苗方便,省力。

(5)省工。“栽棉如同栽菜”,一个劳动力一天移栽 2 亩多,省工 2/3。在长江中下游棉区的农场、承包大户和植棉大户,每亩节省移栽工费 21.7～24 元，节本率达 60%～72.3%，节本效果显著。机械化移栽每小时移栽 0.133～0.2 公顷，大大提高劳动生产效率，进一步减轻劳动强度。

（二）主要核心技术与配套技术

此技术在育秧阶段，须配备无土育苗新基质、促根剂、保叶剂，以无土基质育苗替代土壤育苗；在育秧方式上采用工厂化和规模化育苗来替代千家万户育苗；在移栽阶段则以机械化移栽取代人工移栽。农艺与农机融洽，高度统一。

无土育苗新基质基质由矿物质和营养组成，可重复利用，富含营养，保水通透性好，苗床成苗率达到 95%～100%，幼苗极少发生病害，生长整齐，个体健壮，生根养根效果好，起苗方便，带走根量大，对人、畜和环境无害。

促根剂由植物生长激素及营养元素组成。促进幼苗生根，移栽后快速返苗，根系生长健壮，植株健壮，茎粗节密，因防早衰而显著增产，对人、畜和环境无害。

保叶剂由多高分子化学物质组成，防叶片萎蔫，利于集中育苗，用于裸体棉苗的长途运输保鲜，对人、畜和环境无害。

第二节　棉苗移栽

一、移栽前的准备

（一）起苗

在棉苗移栽前 5～6d 要施好一次起身肥，每公顷苗床施尿素 7.5～15kg，或清水粪 750～1 500kg。棉苗移栽前 1～2d 浇足一次水，使钵土充分湿润。再喷一次药，防治盲蝽象、蚜虫等害虫。

（二）选好移栽大田

棉花要高产，一定要选好移栽大田。高产棉田有以下基本要求：

（1）土层深厚，土质肥沃，质地疏松，保肥、保水能力强，透气性好，pH 值 6.5～8。

（2）土壤有机质含量丰富。皮棉产量目标为1 875kg/hm^2左右时，土壤0～20cm耕层有机质含量应在1%以上，全氮0.06%以上，碱解氮60mg/kg以上，速效磷20mg/kg以上，速效钾120mg/kg以上；皮棉产量目标为2 250kg/hm^2左右时，要求土壤0～20cm耕层有机质含量在1.2%以上，全氮0.06%以上，碱解氮80mg/kg以上，速效磷25mg/kg以上，速效钾150mg/kg以上。

（3）排灌条件良好。做到遇旱能浇、遇涝能排。

二、营养钵苗的移栽

1. 移栽适期

选择阴到多云或是晴天天气。移栽适宜苗为二叶一心至三叶期，苗龄30d左右。选择生长健壮、一致性好的棉苗进行移栽。移栽前苗床及时防蚜虫，移栽当晚及时用杀灭菌菊酯灌根防地老虎。

2. 移栽方式

棉苗移栽方式分打穴移栽和开沟移栽。移栽时应注意钵体不能吊空，钵面要低于地面1.5cm，避免栽苗过深和“露肩”。

3. 移栽密度

以“大棵大群体”的栽培模式来实现高产优势目标。一般种植密度为22 500～27 000株/hm^2。实行等行距或宽窄行种植。

三、穴盘苗的移栽

1. 移栽适期

穴盘苗适宜在一叶一心进行移栽。由于秧苗嫩小，搬运时应将苗盘直接装在运输架上，防止伤苗。

2. 移栽方法

棉苗应带基质、带水、带膜，实施“三带”移栽。移栽后要及时浇足“活棵水”。

3. 移栽密度

应适度增密，保证群体数量。一般中高等肥力水平田块密度不低于24 000株/hm^2，低肥力水平田块27 000株/hm^2。

4. 移栽后管理

栽后应及时用杀灭菊酯防治地老虎。应适当增加苗期氮肥施用量。苗期氮肥施用量占总施氮量的比重宜提高到30%左右。

四、无载体裸苗移栽

推广两无两化"育苗移栽技术，对无载体裸苗移栽时应掌握以下要点：

1. 施好基肥

由于无载体裸苗移栽的棉苗根系全部裸露，为防止"烧根"，在基肥使用上须注意以下几点：

(1)施用时间应提早。一般在移栽前15d左右施用。

(2)肥料品种以复合肥为主。做到氮、磷、钾肥相结合，一般可施25%的复合肥525～600kg/hm^2。

(3)施用方法以在棉苗移栽行一侧15～20cm处开沟深施为好。

2. 地膜覆盖

地膜覆盖具有调温、调湿、促进土壤养分转化和微生物活动、改良土壤等诸多作用。无载体裸苗移栽应全部使用地膜覆盖栽培，并要坚持抢墒、提早覆膜。

3. 确定适宜的移栽期

移栽过早，温度偏低，不利发苗。移栽过迟，气温较高，植伤较重。在江苏省射阳县，无土棉苗的移栽期一般掌握在5月5日前后，并以阴天或晴天的下午3点以后栽苗较好。

4. 细心存苗和精心分苗

无土棉苗取回后要立即开箱拆袋，将小捆解开后平放在阴凉湿润处，盖一块薄膜保湿，防止棉苗水分蒸发。移栽前在室内将棉苗根系理顺后轻松分开，不要强行撕开，尽可能减少伤根。

5. 实行机械化或半机械化栽培

目前采用的移栽机械主要有：

(1)半自动裸苗移栽机。人工放苗，机械开沟、运苗、覆土和加

“安家水”，小时工效 0.133～0.2 公顷。

(2)全自动裸苗移栽机。由中国农业科学院棉花研究所与湖北省农业机械化研究院联合研制，实行机械放苗，机械开沟、运苗、覆土和加“安家水”，每小时工效 0.133～0.2 公顷。

需采用人工移栽时，应采用特制的钵器（口径 5cm 左右）打洞移栽，没有地膜的田块开沟移栽，洞深 10～12cm，1 个洞放 1 棵苗。将棉苗根系垂直放入洞内，覆大半洞土，栽苗深度以子叶节在地面 2cm 以上为好。过深发苗慢，过浅不利于根系吸收水分而降低成活率。

6. 及时浇足活棵水

浇活棵水是保证棉苗根系和土壤紧密结合，及时吸收土壤肥、水，提高成活率的最为关键的措施。无载体裸苗移栽后 30min 内必须浇水，且一定要浇透、浇足。

7. 栽后抢管

一要注意墒情，干旱缺水要及早补水。二要查苗补苗。移栽后出现短时萎蔫，属于正常现象。发现个别死苗的要早补苗。三要及时松土，没有用地膜覆盖的田块，要及时松土、锄草，破除板结，促进增温发根。四要早喷叶面肥，补充营养，促进早发。五要防治红蜘蛛、蚜虫等虫害。

第三节　抗虫棉田间管理技术

一、棉地整地及施肥

1. 整地

棉田整地做到碎、松、平，同时要开好“三沟”，保持灌排畅通（图 6－4）。

2. 施肥

慈杂系列抗虫棉花品种具有前中期生长旺盛、现蕾开花早、上桃集中、早熟性好、丰产潜力大和需肥特点，因此应增加用肥总量，

图 6-4　整地

特别是要增施有机肥和磷钾肥用量。

慈杂系列抗虫棉要按照轻施基肥和苗肥，早施盛蕾见花肥，重施花铃肥，补施长铃肥的施肥的原则来施用肥料。如需增加用肥总量，重点应放在增加花铃肥和长铃肥上。目标皮棉产量为1 650～1 950kg/hm^{2}的棉田，一般需亩施纯氮 20kg，以 N：P：K 为 1：0.54：0.85 的配比为好，其中，有机肥应占总施肥量的 25%左右。

（1）基肥。基肥以有机肥和磷肥为主。一般施用颗粒粪干 2 250kg/hm^2，过磷酸钙 112.5kg/hm^2，三元素复合肥 112.5kg/hm^2。颗粒肥在土壤翻耕时种植预留沟 20cm 左右处撒入。

（2）苗肥。棉花苗期需肥量只占一生总量的 5%左右，施足基肥的棉田和肥地棉田此期不宜追肥。

3. 苗期浇水

棉花苗期浇水容易降低地温，既影响发苗，也会加重苗病。因此一般不宜浇水。个别干旱棉田，若确需浇水也应开短沟浇小水，浇后及时中耕，破除板结，促棉根下扎。

4. 中耕松土

天旱时应浅锄保墒，天雨较多时，应深锄放墒增温。一般苗期应结合天气情况中耕 2 次左右，第 1 次在子叶期，结合间苗，中耕深度 4～5cm。第 2 次中耕时已进入 6 月份，深中耕可散表墒，促根下扎，并控制节间，在较肥的棉田更显重要，中耕深度 5～10cm。

5. 适时防治草害、病虫害（图 6-5）

【草害防治】

可用 10.8%盖草能 450ml/hm^2，或精禾奎灵乳油 1 050～

1 200g/hm^2，或用高效氯氟吡甲禾灵乳油 450～750g/hm^2，或用精吡氟禾草灵乳油 1 125g/hm^2 对水450L 均匀喷洒。

图 6－5　棉田治虫

【苗期主要病害防治】

苗期病害有猝倒病、立枯病、炭疽病等。

(1)猝倒病(图 6－6)。猝倒病多在潮湿的条件下发病，主要危害幼苗。猝倒病一般先从幼嫩细根侵染，危害幼苗，也能侵害种子及刚露白的芽造成烂种、烂芽，使种苗出土和发育不良。侵害幼苗时，最初在幼茎基部贴进地面的部分出现水渍症状，严重时呈水肿状，并扩展变黄腐烂，呈水烫状而软化，迅速腐烂倒伏。地下部细根受害则变黄褐色，吸水不良，导致整株幼苗死亡，子叶也随着褪色，呈水渍状软化，在高湿情况下，有时病部出现白色絮状物，即病菌的菌丝。猝倒病与立枯病不同的是猝倒病棉苗茎部没有褐色凹陷病斑。

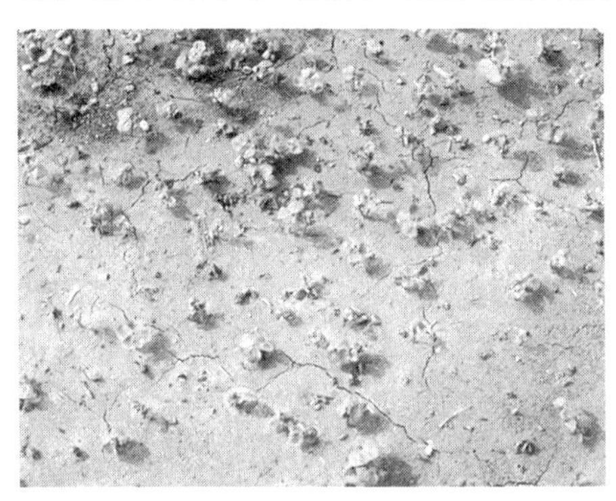

图 6－6　猝倒病

(2)立枯病(图 6－7)。低温多雨适合发病，湿度越大发病越重。幼苗出土前造成烂籽与烂芽。幼苗出土后，则在近地面的茎基部开始有黄褐色病斑，后变成黑褐色，并逐渐凹陷腐烂，严重时，茎的发病部变细，苗即萎倒或枯死。子叶被害，出现不规则的黄褐色病斑，多位于子叶的中部，以后病部破裂脱落成穿孔状。

图 6－7　立枯病(左)与枯萎病(右)

图 6－8　炭疽病

(3)炭疽病(图 6－8)。多雨潮湿低温时棉苗易感炭疽病。幼苗受害后,在茎基部发生红褐色梭形病斑,有时开裂。严重时病部变黑,幼苗萎倒死亡。潮湿时病斑上产生橘红色黏性物质。

以上 3 种病害的防治方法:发病初期建议使用 50%多菌灵·福美双可湿性粉剂 300～1 000倍液,或 70%代森锰锌可湿性粉剂 250～500 倍液,或 70%甲基托布津可湿性粉剂等药剂 800～1 000 倍液根茎部喷雾。防治苗期枯萎病可用 20%乙酸铜稀释到 800～1 000 倍灌根 2 次,间隔期 4d。

【苗期主要虫害及其防治方法】

苗期主要虫害有地老虎、蜗牛、苗蚜、红蜘蛛、棉蓟马等。

1. 小地老虎(图 6－9)

(1)防治指标。田间卵孵化率为 80%左右、幼虫二龄盛期或棉田平均每平方米有虫或卵 0.5 头(粒)、新被害株 5%左右、或

100株有虫2～3头。

(2)常用药剂。低龄幼虫发生期，每公顷用90%敌百虫晶体1 500g对水15L混匀喷拌在75kg炒香的麦麸或棉籽饼上，配制成毒饵，傍晚顺垄撒施在棉苗附近可诱杀幼虫。三龄幼虫以前可用40%辛硫磷乳油1 500倍液，或用20%氰戊菊酯乳油1 500～2 000倍液喷雾。

图6-9　小地老虎

2. 蜗牛(图6-10)

(1)防治指标。5月上中旬盛发期幼贝密度达到每平方米3～5头或棉苗被害率达5%左右时，可用药剂防治。

(2)常用药剂。可用6%四聚乙醛粒剂或用6%甲萘·四聚毒饵顺行撒施诱杀。每公顷也可用90%敌百虫晶体3 750g与炒香的棉籽粉75kg拌成毒饵，于傍晚撒施棉田诱杀。

图6-10　蜗牛

3. 棉蚜(图6-11)

(1)为害症状。棉蚜以刺吸口器插入棉叶背面或嫩头组织吸食汁液，受害叶片向背面卷缩，叶表有蚜虫排泄的蜜露(油腻)，并往往滋生霉菌。棉花受害后植株矮小、叶片变小、叶数减少、根系缩短、现蕾推迟、蕾铃数减少、吐絮延迟。

(2)防治指标。棉蚜棉苗三片真叶前卷叶株率达10%，或4片真叶后卷叶株率达20%时建议防治。3叶期以后的防治指标是

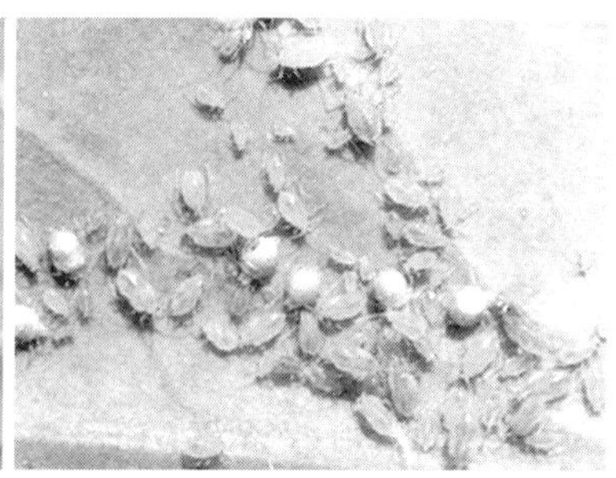

图 6－11　棉蚜

卷叶株率 30%～40%，且卷叶天数 5d 以上。

（3）常用药剂。每公顷用 10%吡虫啉可湿性粉剂 150～300g 或 20%啶虫脒 30～45g 或丁硫克百威乳油 450～675g 对水 600L 左右喷雾防治棉苗蚜，若蚜虫发生量较大隔 10d 左右再喷 1 次。

4. 棉红蜘蛛（图 6－12）

（1）为害症状。若螨、成螨群聚于叶背吸取汁液，使叶片呈灰白色或枯黄色细斑，严重时叶片于枯脱落，并在叶上吐丝结网，严重的影响植物生长发育。高温低湿的6～7 月为害重，尤其干旱年份易于大发生。但温度达 30℃以上和相对湿度超过 70%时，不利其繁殖，暴雨有抑制作用。

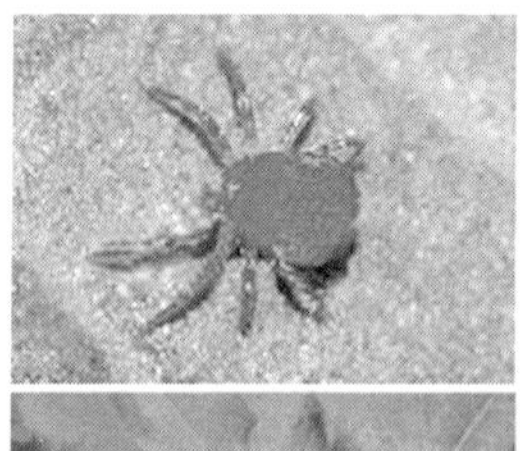

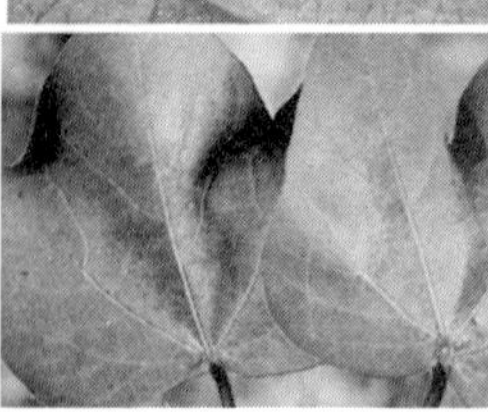

图 6－12　棉红蜘蛛及其为害状

（下左：前期受害叶片；下右：后期受害叶片）

（2）防治方法。棉红蜘蛛点片发生时采取点片挑治，即发现 1 株打 1 圈，发现 1 点打 1 片；连片发生时选择专用性杀螨剂全田防治。

（3）常用药剂。

73%炔螨特乳油 1 000～1 500 倍液，或 1.8%阿维菌素乳油3 000～4 000 倍液，或 10%浏阳霉素乳油 1 000 倍液，或 15%哒螨灵可湿性粉剂 2 500 倍液。喷药应在露水干后或傍晚时均匀喷洒到叶背面。

5. 棉蓟马（图 6－13）

（1）为害症状。成、若虫主要为害棉花生长点、子叶和真叶等部位。未出真叶前为害，顶尖受害后变成黑色并枯萎脱落，子叶肥大成为“公棉花”（无头棉）而后死亡；真叶出现后受害，形成“多头棉”，枝叶丛生影响后期株型导致减产；小叶受害后生银白色斑块，严重时子叶枯焦萎缩。

图 6－13　棉蓟马及其为害状

（2）常用药剂。同棉蚜。

二、蕾期管理

6 月上中旬开始，当真叶长到 8 片以上，三角苞长到 2～3cm，就开始进入蕾期。蕾期抗虫棉应做好以促为主，搭好丰产架子。

（一）整枝去早蕾、中耕锄草

抗虫棉前期长势偏弱，蕾铃出现较早，营养体较小，第一果枝、第二果枝内围单铃重比中上部一般小 0.3g 左右，并且因秋季阴雨影响，下部铃容易烂铃。建议去除下部 1～2 个果枝或摘除早蕾，以有助于营养生长扩大营养体，促进棉铃发育，增加铃重。

（二）化学调控

多雨年份，棉株易出现疯长，常引起蕾铃脱落。可在 6 月中下旬根据棉花长势喷施助壮素控制徒长。一般长势棉田每公顷用

7.5g左右缩节胺,趋于旺长的棉田每公顷用15～18g左右缩节胺对水300～375kg,每次在施用农药的时候进行喷施,切忌1次喷量过大,造成控制过头,要少量多次进行。喷后若遇干旱,则应及时加强肥水管理,做到有控有促,防止棉株过于矮化而影响产量。

(三)看苗稳施蕾肥

一般在6月下旬每公顷追施尿素105kg,外加225kg氯化钾(瓜棉套应追施硫酸钾),可雨后借墒开沟施入,蕾期既要搭起丰产架子,又要控制旺长趋势。

(四)综合防治病虫害

1. 蕾期棉田的主要病害

枯萎病是棉花蕾期主要病害。

(1)枯萎病症状。棉花枯萎病的高发期是在棉花现蕾前后,一般在6月中下旬,若此时降雨量大,有利于枯萎病的大面积流行。蕾期有皱缩型、半边黄化型、枯斑型、顶枯型、光秆型等。导管颜色剖秆检查,染枯萎病导管变色较深,呈黑褐色。

(2)防治措施。枯萎病害的主要防治以选择抗病品种为主,实行轮作换茬。

2. 蕾期主要虫害

蕾期主要虫害有棉蚜、红蜘蛛、棉蓟马、棉盲蝽象、玉米螟、棉铃虫等。

(1)棉蚜。棉蚜蕾期防治指标:卷叶株率20%～30%,且出现卷叶天数5d以上。常用药剂同苗期。

(2)棉红蜘蛛。防治指标与常用药剂同苗期。

(3)盲蝽象(图6-14)。随着抗虫棉的推广种植,棉盲蝽等次要害虫发生趋势日益严重。

①为害症状:盲蝽象成虫以针刺吸附棉株汁液为害,有趋顶端、趋嫩绿、趋蕾、趋花的习性,造成蕾铃大量脱落与破碎花叶和丛生枝叶。早播、早发、长势旺、田间湿度大的棉田,特别是施氮肥过多、化控不及时的旺盛茂密的棉田,往往产卵多且受害较为严重。

图 6-14　棉盲蝽象及其为害状

主要种类有绿盲蝽象、三点盲蝽象、苜蓿盲蝽象等，以绿盲蝽象危害最严重。盲蝽象对棉花的危害时间长，从幼苗一直到吐絮期，为害期长达 4 个月以上。盲蝽象在棉花生长期的不同为害症状：在棉花子叶期被害，生长的芽尖发黑、干枯，不再生长。在棉花生长期被害，顶芽受害枯死，枝芽丛生，变成“多头棉”，俗称“破头疯”。为害嫩叶时呈小黑点状，叶片展开后大面破碎，俗称“破叶疯”。主心和边心被害，形成枝叶丛生的“扫帚苗”。

②防治指标。盲蝽防治指标百株虫量 5 头或棉株被害株率达 2%～3%可用药剂防治。

③常用药剂。每公顷 5%丁烯氟虫腈乳油 450～750ml，或 10%联苯菊酯 450～600ml，或 35%硫丹乳油 900～1 200ml，或 40%灭多威可溶性粉剂 525～750g，或 45%马拉硫磷乳油 1 050～1 200ml，或 40%毒死蜱乳油 900～1 200ml 对水 750～900L 喷雾，且要进行交替使用，防止产生抗药性。

(4)棉铃虫(图 6-15)。抗虫棉田二代棉铃虫一般弃治，如果发生较重应酌情防治。

(5)棉蓟马。棉蓟马主要在蕾期为害功能叶、花朵。花蕾严重受害后可脱落。其防治方法，可采用 10%吡虫啉可湿性粉剂 2000 倍液或 1.8%阿维菌素乳油 3000～4000 倍液喷雾，也可在防治其他害虫兼治。

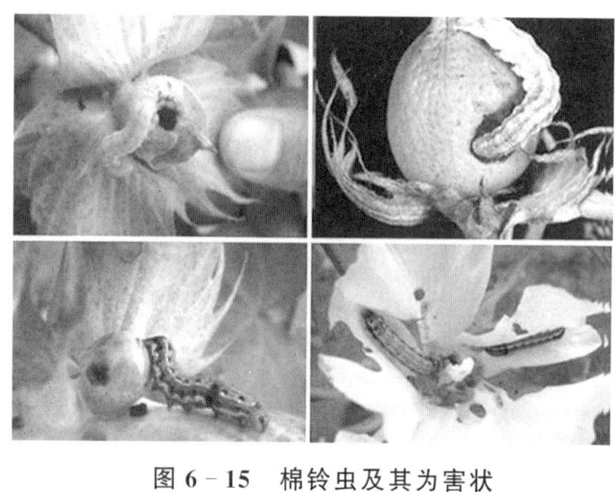

图 6-15　棉铃虫及其为害状

（上左：为害幼铃；上右：为害大铃；下左：为害棉蕾；下右：为害花朵）

(6)玉米螟(图 6-16)。

①为害症状：5 月底 6 月初羽化的第一代幼虫一般为害玉米，但抗虫棉田较常规田早发，玉米螟也开始为害早期棉田，产卵于棉株中下部叶片背面。初孵幼虫为害棉株时，先在嫩头下或上部叶片的叶柄基部或赘芽处蛀入，使嫩头和叶片凋萎，叶片枯死后幼虫向主干蛀食，蛀入孔处有蛀屑和虫粪堆积，蛀孔以上的枝叶逐渐枯萎，棉株上部折断，对棉株损伤最大。

②常用药剂：卵孵化初期至盛期，用 25%灭脲悬浮剂 600 倍液，或用 40%辛硫磷乳油 1500 倍液，或用 48%毒死蜱乳油 1500 倍液喷雾，将害虫控制在钻蛀棉株前。

图 6-16　玉米螟

三、花铃期管理

7 月上旬到 8 月中旬的气候环境中，是营养生长与生殖生长两旺时期，有 70%以上的干物质在花铃期形成。是决定棉花产量高低的关键时期，也是棉田管理的重点时期，这时期是需水最多的时期，棉株对水肥反应敏感，如水分失调，肥力不足，代谢过程受阻，大量蕾铃脱落，并会引起早衰，严重影响棉花生育进程。

(一)科学追施花铃肥

对未施花铃肥的一、二类棉田,要立即抢施花铃肥,每公顷施优质复合肥750kg,对已施花铃肥的一、二类棉田,视苗情可于7月下旬至8月初补施二次花铃肥,每公顷施尿素150kg;对长势较弱的三类棉田,要重肥猛攻促其快搭丰产架子,每公顷施优质复合肥675kg,尿素120kg,钾肥225kg。对受淹受渍棉田,天晴土爽时要轻施接力肥,每公顷施尿素105～150kg、钾肥75kg,促使棉株快速恢复生长,于7月下旬追施花铃肥,8月中旬再施补桃肥。对未受灾棉田于立秋前后普施盖顶肥,每公顷用尿素150～225kg。

(二)中耕与培土

结合施花铃肥中耕培土。

(三)科学化控

根据降雨量和棉花长势适时适量化学调控。对于蕾期没有进行化控的棉花,可于盛花期酌情喷施缩节胺22.5g/hm^2,以促进棉花稳长,防止徒长,减少蕾铃脱落。对三类棉田可用缩节胺轻调(公顷用7.5g左右)或不调;对受灾棉田,可用促进型调节剂叶面喷雾。

(四)及时打顶、抹赘芽

打顶原则:高产田应适当晚,中低产田和密度大的棉田应适当早打顶。做到档到不等时,时到不等档。7月30日前全部打去顶尖。打顶应及时抹除赘芽。

(五)叶面喷肥

因抗虫棉单株结铃性强,为预防棉株早衰,应在花铃期结合治虫时做好叶面肥的喷施,对预防早衰、提高产量和纤维品质具有明显效果。即从花铃期开始,每公顷用磷酸二氢钾1 500g,硼砂1 500g,硫酸锌750g,尿素750g,对水450kg,充分混匀,每隔10～15d一次,共喷2～3次,可与化控同时进行。

(六)灌溉与排水

花铃期叶面积最大,适逢高温季节,叶面蒸腾强烈,是棉株一生中需水最多的时期,如此时发生干旱,土壤缺水,会造成大量蕾铃脱落并引起早衰。因此,花铃期遇干旱必须及时浇水、灌溉。一般采用沟灌,每次浇水后要适时中耕保墒。另外,若雨水过多时,应注意排水,以免蕾铃脱落。

(七)综合防治虫草害

【虫害】

主要害虫为伏(棉)蚜,三、四代棉铃虫,玉米螟等。

1. 伏(棉)蚜

(1)防治指标。伏蚜的防治指标为平均单株顶部、中部、下部3叶蚜量150～200头。

(2)常用药剂。防治药剂同苗蕾期。

2. 棉铃虫

(1)防治指标。三代、四代棉铃虫百株幼虫8～10头时可用药防治。

(2)常用药剂。卵孵化高峰期可以喷施2.5%氟啶脲、氟虫脲乳油1 000倍液,幼虫高峰期可以喷施灭多威、丙溴磷、高氯辛和多杀霉素等1 000～1 500倍液。花铃期棉株高大,喷药应保证棉叶正反面、顶尖、花、蕾、铃均匀着药,同时交替用药和轮换用药,施药后遇雨要及时补喷。棉盲蝽的防治可与棉铃虫同时防治。

3. 棉红铃虫(图6－17)

发生情况。红铃虫一般一年发生3代,棉红铃虫以幼虫越冬,主要在仓库内。第一代的卵一般于6月下旬至7月上旬往往集中

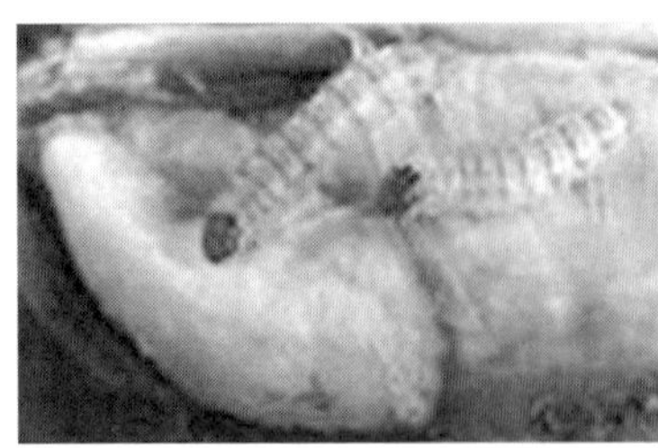
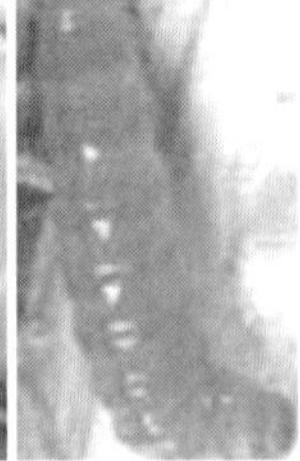
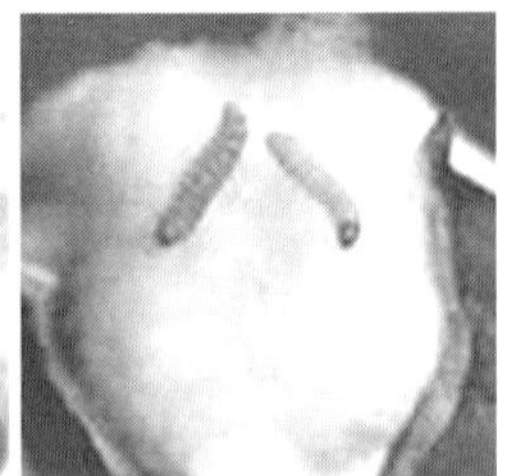

图6－17　棉红铃虫

产在棉株嫩头及其附近的果枝、未展开的心叶、嫩叶、幼蕾的苞叶上，主要取食蕾；第二代于8月中下旬产卵于青铃上，其中以产在青铃的萼片和铃壳间最多，其次在果枝上；幼虫为害花、蕾和青铃；第三代于9月上中旬卵多产在棉株中、上部的青铃上，幼虫绝大部分集中在青铃上为害。慈杂系列抗虫棉对红铃虫有较好的抗性，一般无须专门防治棉红铃虫。

【杂草】

棉花收获前30d左右防治杂草可以每公顷选用草甘膦水剂2 250～3 000g，对水450～600L，在喷头上加一专用防护罩对杂草作定向喷雾。喷施时一定要在无风天气进行，切忌将药喷到棉根、棉茎和棉叶上，以免造成药害。

四、吐絮期管理

吐絮期的田间管理主攻方向是促早熟防早衰。要求做到保根、保叶、保桃，增铃重、防烂铃，保早熟，加快吐絮，确保增产增收。

（一）及时喷施叶面肥

一般于棉花采收前期喷施尿素、磷酸二氢钾等叶面肥1～2次。叶面喷施宜在晴天下午进行，阴天可全天进行，以防喷后水分蒸发过快浓度骤增而叶片受损。

（二）浇水与防涝

伏里雨水小，后期干旱缺墒，应及时浇水，发挥以水促肥的作用。当8月中下旬，土壤水分低于田间持水量的60%时要立即浇水，干旱严重可浇到9月中下旬，要小水浇透，防止大水漫灌。浇水不宜过晚，防止贪青晚熟。如遇雨水较多，注意排涝防渍。

（三）继续做好病虫草害防治

【虫害】

主要有斜纹夜蛾、烟粉虱、四代棉铃虫。四代棉铃虫药剂防治同花铃期。

1. 斜纹夜蛾（图6-18、图6-19）

（1）为害症状。抗虫棉斜纹夜蛾发生较重，一般在7月底8月

图 6－18　斜纹夜蛾低龄幼虫为害

初大发生，暴风雨对初孵幼虫有很强的冲刷作用，夏秋季气候干燥气温偏高少暴雨的年份常会猖獗发生。斜纹夜蛾药剂防治必须掌握在未进入暴食期的三龄以前，消灭于未扩散的点片阶段。斜纹夜蛾一般交配后每雌可产卵 8～17 块，共 1 000～2 000 粒。幼虫一般可分 6 个龄期。初孵幼虫群集在卵块附近取食；一至二龄幼虫群集叶背面啃食，只留下表皮，被害叶枯黄，极易在田间发现；三龄幼虫开始分散为害，棉叶上形成许多不规则破孔或缺刻，严重时将棉叶吃光留下叶脉，花蕾和初开放的花朵被告幼虫为害后苞叶被啃成筛孔状，可将蕾的大部分吃去，花冠被吃成残缺不全，且往往把柱头和雄蕊全部吃光；五龄开始进入暴食阶段，大都傍晚开始为害。幼虫一生可食害花 20 朵以上，造成蕾花脱落。棉花生长后期，幼虫为害棉铃，幼铃被害后脱落，大铃被害后幼虫在铃上蛀洞，铃内纤维被吃空，同时蛀孔周围有很多虫粪引起病菌侵入，造成棉铃腐烂，影响产量和质量。

图 6－19　斜纹夜蛾老熟幼虫

(2)防治措施。每公顷可用4.5%高效氯氰菊酯乳油1 500～2 000倍液,或10%虫螨腈可湿性粉剂1 000～1 600倍液,或20%虫酰肼可湿性粉剂2 500～3 000倍液,或2.5%多杀菌素可湿性粉剂2 000～4 000倍液以及40%毒死蜱乳油4 000倍液喷雾防治。

2. 烟粉虱(图6-20)

图6-20　棉花烟粉虱

(1)为害症状。近年来随着蔬菜、花卉作物种植面积的日益增加,为其周年繁殖提供了丰富的食料和栖息、繁殖场所,加重了烟粉虱发生为害。主要通过吸食棉花叶片汁液,导致棉叶正面出现成片黄斑,严重时导致棉株衰弱、蕾铃大量脱落,影响棉花产量和纤维品质,造成棉花大幅度减产。成、若虫分泌的蜜露,还可诱发煤污病,影响棉叶光合作用,还可导致棉花纤维品质下降。在若虫发生盛期,上、中、下3片叶总虫量达到200头时用药防治。

(2)防治措施:每公顷用1.8%阿维菌素乳油2 000～3 000倍液,或10%吡虫啉可湿性粉剂2 000倍液,或25%噻嗪酮可湿性粉剂1 000～1 500倍液喷雾防治。

【病害】

主要病害有红叶茎枯病(图6-2)。

1. 红叶茎枯病发病症状

当进入8、9月后,由于土壤本身肥力不足,并且抗虫棉植株后期容易缺钾,极易导致红叶茎枯病发生。

主要的诱发因素是：多年重茬、保水保肥能力差的沙性土壤以及盐碱地、耕层过浅的棉田；没有揭膜或者揭膜偏晚；底肥没有使用钾肥或用量不足，使用磷素偏少，施用氮肥过多且化控失当的；品种抗病性偏差导致植株生长不良，抵抗力减弱；早熟品种又过早播种，前期结铃过多负载过重；受旱严重或浇水偏晚；地势低洼、排水不及时；棉株地下、地上部分生长失调而诱发该病。

图 6－21　棉红叶茎枯病

典型的识别特征是：开始发病时，叶片边缘稍带黄色，叶肉组织褪绿，除叶脉及其附近保持绿色外，其余均呈紫红色或红褐色（“叶脉仍保持绿色”其典型特征之一）。病情较重时，全叶均呈红褐色或褐色，边缘向下卷曲，叶片自下而上干枯凋落，终致全株枯死。病叶大多是自下而上、从外向内发展，也有的病株症状是自上而下的变红或先变黄再变红，有时可出现叶柄基部变软，失水干缩，致使叶片萎蔫下垂现象。病株根系发育不良，主根短而细，常成“鸡爪根”，支根、侧根数量和长度显著减少，且颜色深褐色，尖端变褐色或腐烂。掰开茎秆，维管束不变色，可以与枯、黄萎病区别开来。叶片枯落时，茎秆顶部呈干焦状，蕾铃大量脱落。发病早的，可以结少数小铃。

2. 防治措施

（1）没有揭除地膜的棉田要尽快揭膜，如土壤板结的棉田要及时中耕，以利于根系下扎。

（2）对于未施钾肥或土壤潜在性缺钾的棉田，要结合施花铃肥补施钾肥，每公顷追施优质钾肥 150～225kg，既可满足棉花对钾肥的需要，又可提高氮肥、磷肥的利用率。

(3)对长势较旺的棉田,应用缩节胺化控,以增强棉花抗逆能力。

(4)对已经发病的棉田,只要棉叶尚未枯萎、主茎生长点仍有活力,可叶面喷施营养调节剂,以促进其生长发育。配方是:①500倍的农喜十乐素+500倍的精品二氢钾+600倍的蓝色晶典六合一增产素或壮汉液肥等;②500倍的抗病增产王+600倍精品二氢钾+0.1%芸薹素内酯。如果降水较多、田间湿度大,用叶面喷肥的同时可加入乙蒜素、多菌灵等杀菌剂,预防叶部斑病。

(四)及时采摘棉桃

适时采摘棉花老熟棉桃,是保证棉花丰产丰收的一项重要措施。

采摘老熟桃的时间是从铃期开始到吐絮期,伏前桃一般是50～55d,伏桃55～60d,秋桃60d以上。

采摘老熟桃的标准是:桃皮呈现青黄色,已经有了皱缩、棉壳裂纹或张嘴,将要吐絮,其形成时间已在50d以上。

第七章　慈杂系列棉花品种套种模式

第一节　棉花套种菜用大豆

棉花一般在4月上中旬采用营养钵育苗，5月初移栽，9～11月采收。菜用春大豆一般在3月初播种，5月下旬至6月上旬收获。春季棉田闲置时间较长、棉花种植密度低且前期生长量小，在棉田应用菜用春大豆套种棉花的种植模式，可提高棉田的土地利用率和生产效益。

棉花套菜用大豆图见彩插。

一、选好套种品种

菜用大豆选用早熟型品种；棉花品种选用慈杂系列抗虫棉，这样配置可以减少防治棉铃虫时的用药次数及便于选用BT生物农药。

二、套种模式

提倡行距2.5m为一个种植带，棉花种于行边，即种2行，3月中旬计划棉行内覆盖地膜，菜用大豆于3月底4月初地膜点播，点播2～3行。

三、棉花套种栽培技术要点

1. 棉行施足基肥，精细整地

在菜用大豆播种前对棉田进行深耕细整，做到地平土细，并结合整地每公顷施农家肥15 000kg、过磷酸钙或钙镁磷750kg、碳铵750kg做底肥。

2. 棉花育苗移栽

5月初大苗移栽至大田。棉花密度15 000～19 500株/hm^2。

3. 蕾期管理

蕾期是棉花以发根为主，是棉花一生中塑造高产型株型的关键时期，此期营养生长和生殖生长并进，要防止徒长。

(1)肥水管理。对迟发棉田、瘦弱棉苗实施稳施蕾肥，以促进棉苗生长，发棵搭架。追小苗促平衡。一般每公顷施稀尿素水15～30kg。

(2)化学调控。6 月中旬对有旺长趋势棉田，每公顷用缩节胺 7.5～15g/hm^2 或助壮素 30～60ml 加水 450kg/hm^2 均匀喷洒，控制棉苗旺长。

(3)田间管理。棉花蕾期正值梅雨季节，要及时做好清沟理墒，排除田间积水，减少田间渍害。及时整枝，鉴于慈杂系列棉花品种后期生长势强，一般留 1 个叶枝，叶枝上果枝达到 5～7 个时，打叶枝心。

(4)病虫害防治。棉花蕾期与菜豆收获期重叠共生，易发生盲蝽、蓟马为害。应及时进行防治。

4. 花铃期管理

菜用大豆 6 月底收获，棉花与菜豆套种的共生期结束。此时棉花生长已进入花铃期，花铃期是棉花一生中生长发育最快时期，棉株大量开花结铃，对养分的需要量急增，因此要按照一般纯种抗虫棉田管理要求，早施重施花铃肥，充分发挥增产潜力。

(1)肥水管理。抗虫棉田见花重施第一次花铃肥，此期氮肥施用量占总量的 35%，一般可采用打孔或沟施的方法，每公顷施复合肥 225kg、饼肥 600kg、速效肥尿素 75kg、氯化钾 225kg。7 月底立秋前重施第二次花铃肥(长桃肥)，每公顷施尿素 150～225kg。

(2)化学调控。初花期对生长偏旺、叶片偏大、主茎生长过快、土壤肥力较好的棉田用缩节胺 18～22.5g，对水 750kg 均匀喷洒。

(3)适时打顶。一般留果档 16～17 档。对于地力较差的棉地应适当早打顶，地力较好的棉地可适当晚一点，打顶以 1 叶 1 心或 2 叶为宜。

(4)化学封顶。在打顶后一周左右，根据棉花长势每公顷用缩节胺 45g 对水 750kg 或 180ml 助壮素对水 750kg 喷雾。

(5)田间管理。结铃盛期若遇干旱,有条件田块应灌水,一方面以保证中上部多结铃,另一方面保证中上部棉铃发育饱满,絮朵肥大。花铃后期或台风过后,可结合治虫用0.5%尿素溶液或0.1%磷酸二氢钾进行叶面根外追肥2～3次。

(6)病虫害防治。此期应重点做好棉铃虫、红铃虫、斜纹夜蛾等虫害的防治工作。

5. 吐絮期管理

防早衰、减少烂铃是这一时期管理的目标。

(1)补施壮桃肥。8月底结合抗旱,以沟水灌溉或利用下雨机会,每公顷施尿素150～225kg。

(2)延长叶片功能期。棉花8月中旬进入吐絮后,一直要到11月底才能采收完毕。延长叶片的功能,防止早衰,对增结秋桃,增加产量意义重大。可结合防病治虫,喷施浓度为0.5%的磷酸二氢钾、叶面宝等叶面肥,进行根外施肥,每隔7～10d喷一次,连续喷施3～4次。

四、菜用大豆套种栽培技术要点

1. 选用良种,适时播种

菜用大豆应选用早熟、高产、优质品种,其中以早毛豆效益最好,且与棉花共生期相对较短。3月中旬畦中带墒盖黑膜,3月底4月初在畦中间点播2行或3行大豆,行距45cm,穴距20cm,每穴播3～4粒,留双苗。

2. 适时摘心和喷施多效唑

摘心可促使茎叶和根健壮生长,防止倒伏徒长。一般在盛花期选择晴好天气摘心。摘心后用多菌灵喷雾,以预防病害发生。在初花期至盛花期,用多效唑溶液均匀喷施叶片的正反面,这样可抑制营养生长,促进生殖生长,提高单株结荚率和结实率。

3. 及时巧施追肥

在苗期,视苗情适量追施尿素,促使早发苗。开花期应适量追施尿素每公顷30～75kg,磷钾复合肥300kg。结荚鼓粒期叶面喷施磷酸二氢钾、钼酸铵等微肥二次。

4. 科学防治病虫害

菜用大豆病害主要有病毒病、锈病、白粉病、霜霉病等。大豆虫害主要有蚜虫、潜叶蝇、红蜘蛛、斜纹夜蛾和豆荚螟等。蚜虫、潜叶蝇和红蜘蛛可用菊酯类等低毒低残留农药和达螨灵等防治;斜纹夜蛾和豆荚螟可用BT生物杀虫剂和敌杀死等防治。

第二节　棉花套种蚕豆

在棉花生育后期套播蚕豆,蚕豆收获后再栽营养钵棉苗,是一种用地和养地相结合的耕作方式,有利于两季作物高产。

棉花套种蚕豆图,参阅彩插。

一、选好套种品种

蚕豆选用大粒1号或日本寸豆品种;棉花品种选用慈杂系列抗虫棉。这样配置可以减少防治棉铃虫时的用药次数及便于选用BT生物农药。

二、套种模式

提倡行距2.5m为一个种植带,蚕豆种于行边,即种2行。

三、蚕豆套种栽培技术要点

1. 适时播种

10月中下旬播种,株距0.2m,种于行边即等行种植,每穴3粒,每公顷37 500穴。翌年5月上旬开始收获鲜食蚕豆。

2. 施足基肥

整地时每公顷用过磷酸钙600kg加3%辛硫磷颗粒剂施于播种沟内,作基肥并防治地下害虫。

3. 巧施追肥

长势偏弱田块可在3月下旬每公顷施尿素75kg,长势旺盛的不施。

4. 防治病虫害

4月初做好蚕豆赤斑病和蚜虫的防治工作。

5. 及时采摘

5月上旬分次采摘鲜食蚕豆上市，5月底鲜食蚕豆收获基本结束。

四、棉花套种栽培技术要点

1. 棉行精细整地，施足基肥

3月底或4月初及时做好棉行的深耕细整，同时兼顾蚕豆行。结合整地，施足基肥，一般可每公顷施农家肥15 000kg、过磷酸钙或钙镁磷肥750kg、碳铵750kg。

2. 棉花育苗移栽

5月初大苗移栽，栽植密度15 000～22 500株/hm^2。

3. 蕾期管理

5月中下旬蚕豆收获基本结束，且此期棉花进入蕾期。以后的棉花管理参见第七章第一节。

第三节　棉花套种花生

棉花稀植栽培的条件下，实行棉花、花生套种，可以有效地提高土地利用率和产出率，这种套种模式一般多是采用种一行棉花，种一行花生，或者是利用2.5m的畦宽(长度随机)为一个种植带，两行边种植棉花，畦中地膜覆盖，点播花生2～3行。

棉花套花生图见彩插。

一、选好品种

棉花选用慈杂系列棉花品种，花生选用早熟高产品种。花生品种的生育期一般为90d左右，选用早熟品种可缩短与棉花的共生期，7月中下旬即可成熟收获，对棉花生育无大碍。

二、花生套种栽培技术要点

1. 施足基肥

在棉地冬耕春翻基础上，施足基肥，行内花生每公顷深施专用复合肥150kg或碳铵300kg加过磷酸钙150kg。花生畦内带墒盖好地膜。盖膜前用好除草剂。

2. 适时播种，控制密度

3 月中下旬覆盖地膜点播。每畦种植 2～3 行，行距 0.8m。公顷密度在 30 000～37 500 株。

3. 科学追肥

花生 6～7 叶时追施尿素，每公顷用量 45～75kg，促进花生生长。在花针期追施尿素每公顷用量 75kg。

4. 做好化学调控

由于棉花套种的影响，花生藤易窜高。当花生株高 15cm 左右时，每公顷要用多效唑 375～450g，进行化学调控，防止花生爬藤徒长。对于生长较弱的花生则用叶面肥进行促长。

5. 病虫害防治

(1)蛴螬。蛴螬为害花生的时期一在苗期，二在荚果期。苗期为害常常导致缺苗断垄。荚果期危害，不论是新孵化的低龄蛴螬还是大龄蛴螬，都咬食荚果与果针，严重影响荚果的形成和发育，造成烂果、破果，降低产量和品质。蛴螬的防治方法：一般应结合春播，用种子重量千分之一的 50%辛硫磷，加适量水稀释进行拌种；或用 50%辛硫磷 0.25kg 加水 1.5kg 到 2kg，拌灰渣制成颗粒剂撒在垄沟内，或顺垄沟喷洒毒死蜱药液进行除治外，还应搞好成虫期（金龟子）的除治工作，以防成虫咬食花生嫩叶和成虫产卵后孵化的幼虫咬食荚果及果针。除治方法：一般可在金龟子发生盛期（5 月下旬到 6 月上旬），每公顷喷洒 4.5%高效氯氰菊酯乳油 750ml 或者用 40%毒死蜱乳油加 4.5%高效氯氰菊酯乳油 450ml 喷雾防治。为防治秋季再度发生，可在夏末秋初，用 50%辛硫磷 600 倍液灌花生根部（用摘掉喷头的喷雾器，将配好的药液顺垄均匀地灌注于花生根部土壤内）。

(2)叶斑病。叶斑病是花生的主要病害。花生褐斑病和黑斑病统称为花生叶斑病，是花生中后期的重要病害。一般花生褐斑病发生期较早，在初花期即出现。褐斑病在下部叶片较多，叶片受害时，病斑初生圆形或不规则形，直径为1～10mm，叶片正面病斑暗褐色，背面褐色或淡褐色，周围有黄色晕圈。在潮湿条件下，大多在叶正面病斑上产生灰色霉状物，严重时，几个病斑汇合在一起，常使叶片干枯脱落，仅剩顶部3～5个幼嫩叶片。茎部和叶柄的病斑为长椭圆形、暗褐色、稍凹隐。黑斑病则发生较迟，到落针期才发生，黑斑病多在上部叶片。黑斑病与褐斑病可同时混合发生，黑斑病病斑一般比褐斑病小，近似圆形或圆形，直径约1～5mm，颜色较褐斑病深，呈黑褐色，叶片正反两面颜色相似，病斑周围黄色晕圈不明显。病害晚期，叶背面病斑生有呈轮纹状排列的小黑点，并有一层灰褐色霉状物，病害严重时，产生大量病斑，引起叶片干枯脱落，茎秆变黑枯死。两病都可危害叶片、叶柄、茎、子房、柄和荚壳，严重时可造成落叶，植株早枯，影响养分积累而导致荚果不充实，降低出仁率和含油量，收获时容易落果及种子发芽。

花生叶斑病的防治方法：①选用抗病品种。选用抗病(或耐病)品种是防治花生叶斑病的重要途径。据田间观察、试验和参考相关文献，中华9号较抗叶斑病；鲁花11号表现为中抗叶斑病。②农业防治。花生收获后，要及时清除田间病残体，并及时进行耕翻，以减少病害初侵。要适期播种，合理密植，施足底肥，加强田间管理，促进花生健壮生长，提高植株抗病能力。③化学防治。在发病初期，当病叶率达10%～15%时开始施药，可用50%多菌灵可湿性粉剂1 000倍液，或70%甲基托布津可湿性粉剂1 500倍液，或75%百菌清可湿性粉剂600倍液，或80%代森锰锌400倍液喷雾防治，每隔7～10d喷药一次，连喷2～3次。

三、棉花套种栽培技术要点

参见第七章第一节。

第四节　棉花套种玉米

棉花、玉米同属短日照植物，喜温喜光，都在春季播种育苗，但植株玉米高棉花矮、生长期玉米短棉花长，棉花是采收成熟的种子纤维，玉米则是以鲜或干果穗为主，两种作物适宜共生。棉花玉米套种高产主要原因一是能充分提高土地的利用率，实现用地与养地结合，保持持续的增产；二可充分利用光能，便于合理地安排两种作物的行株距，改善棉花、玉米两种作物生育期间的通风透光。提高光合作用；三可以充分利用自然的生长季节，生长季节变一收为两收；四是有利于解决作物之间的争地矛盾，促进多种作物的共同生长。而且该模式技术要求粗放，容易管护，经济效益好，农户容易接受。

棉花套种玉米图见彩插。

一、选好套种品种

玉米品种应选鲜食类玉米，棉花品种应选中熟型抗虫棉。这样配置可以减少防治棉铃虫时的用药次数并便于选用BT生物农药。

二、玉米套种栽培技术

1. 适时播种

鲜食类玉米2月底3月上旬地膜覆盖播种，苗期拱膜保苗，防“倒春寒”袭击，6月10号左右清场。常用玉米3月中旬地膜覆盖播种，6月底可去天心等措施而最低限度影响棉花正常生长。

2. 控制密度

鲜食玉米行距0.7m，株距0.3m，密度45 000株/hm^2左右。及时去除基部及下部分蘖，以节约肥水，控制营养生长，1株玉米最多留2个主茎上的有效穗，提高商品性。

3. 增施肥料、配方施肥

玉米移栽前开沟深施基肥，大喇叭口期开沟深施尿素，抽雄后用磷酸二氢钾喷施叶面。玉米抽雄前后做到沟灌湿润。

4. 人工授粉

玉米抽雄刚露头时采用隔行或隔株去雄，人工授粉。

5. 综合防治病虫害，实行无公害栽培

棉套玉米田，病虫害相互影响，相互促进，往往偏重发生。用药应坚持虫情测报；实施局部施药和人工防治相结合，如滴心、涂茎、摘卵、摘叶等。但鲜食类玉米收获前15d禁止用药。

6. 适时采收

玉米鲜穗一般在雌穗吐丝后25d左右，花丝变黑采收。收获后要及时倒秆，就地覆盖保墒。

三、棉花套种栽培技术要点

参见第七章第一节。

第五节　棉花套种西瓜

棉花套种西瓜，可以充分利用光能、地力、空间等资源提高土地利用率，提高棉田综合效益。大量试验证明，棉花与西瓜只要栽培措施得当、搭配合理，协调好共生期关系，西瓜产量比单作基本不减产，棉花产量接近或略低于单作产量，二者合计经济效益可大幅度提高。据测算，棉花套种西瓜，可每公顷产西瓜37 500kg以上、籽棉3 750kg以上，产值可值达45 000多元，经济效益显著。

棉花套种西瓜图见彩插。

一、选好套种品种

棉花品种应以慈杂系列棉花品种为主；西瓜品种以早熟优质的8424品种为主。西瓜品种的生育期一般为90d左右，7月上中旬即可成熟收获，对棉花生育无大碍。

二、种植模式

行距3.0m为一个种植带，两行棉花中间套一行西瓜。西瓜株距0.8m。种植密度控制在3 750株/hm^{2}左右。

三、西瓜套种栽培技术要点

1. 施足底肥，浇足底墒水

饼肥和化肥充分混合均匀后按1.4m行距开沟施入，沟宽

40cm、沟深20～30cm，将肥与土充分混匀后再回填到沟内，浇足底墒水。

2. 错开播种期

西瓜提前30d左右播种于小拱棚，减轻棉花与西瓜争光、争水、争肥的矛盾。

3. 田间管理

整枝时可只留一条主蔓，也可留一主蔓和一健壮侧蔓，其余侧枝全部摘除，这样瓜成熟早、坐瓜率高。当开放二三朵雌花时，在早晨6～8时进行人工授粉，保证西瓜优质、高产的同时便于选留第二雌花坐瓜。

4. 科学进行肥水管理

西瓜需钾较多，每公顷增施150～225kg钾肥。西瓜坐瓜到成熟前是需肥高峰期，约占总量的70%以上。当主蔓长到20cm时，每公顷追尿素75～150kg。当幼瓜长到碗口大时，每公顷追施硫酸钾三元复合肥225kg。追肥与浇水同时进行，伸蔓水要小，膨瓜水要足，结果后期停止浇水。在西瓜生长期叶面喷施磷酸二氢钾。

5. 病虫草害防治

【病害】

(1)西瓜枯萎病。俗称“死秧病”，发病初期，病株茎蔓上的叶片自基部向前逐渐萎蔫，似缺水状，中午更明显，最初1～2日，早晚尚能恢复正常，数日后，植株萎蔫不再恢复，慢慢枯死，多数情况全株发病，也有的病株仅部分茎蔓发病，其余茎蔓正常。发病植株茎蔓基部稍缢缩，病部纵裂，有淡红色(琥珀色)胶状液溢出，根部腐烂变色，纵切根颈，其维管束部分变褐色。

枯萎病的防治方法：①选择抗病品种。种植抗病西瓜品种是首选措施。②实行嫁接栽培。由于西瓜枯萎病病菌难以侵染葫芦、瓠瓜、南瓜等，以这些作物为砧木进行嫁接换根，这种方法是解决西瓜枯萎病的较好途径。③实行水旱轮作。西瓜枯萎病在土壤中可存活10年，但在水中存活期限只有130d。因此，水旱轮作是预防枯萎病的最佳方法。④种子消毒。用漂白粉2%～4%溶液浸泡30分钟后捞出并清洗干净,可杀死种子表面的枯萎病病菌及炭疽病病菌。⑤慎用育苗土。育苗用的营养土应选用塘土、稻田土或墙土,禁用瓜田或菜园土,农家肥要充分腐熟,不用带有病株残体的农家肥。⑥使用农药进行化学防治,一般可用12%绿乳酮乳油500倍液灌根。

(2)西瓜炭疽病。西瓜炭疽病苗期至成株期均可发生,叶片和瓜蔓受害重。苗期子叶边缘现出圆形或半圆形褐色或黑褐色病斑,外围常具一黄褐色晕圈,其上长有黑色小粒点或淡红色黏状物。近地表的茎基部变成黑褐色,且收缩变细致幼苗猝倒;叶柄或瓜蔓染病,初为水浸状淡黄色圆形斑点,稍凹陷,后变黑色,病斑环绕茎蔓一周后全株枯死。真叶染病,初为圆形至纺锤形或不规则形水浸状斑点,有时现出轮纹,干燥时病斑易破碎穿孔,潮湿时,叶面生出粉红色黏稠物;成熟果实染病病斑多发生在暗绿色条纹上,在具条纹果实的淡色部位不发生或轻微发生,果实染病初呈水浸状凹陷形褐色病斑,凹陷处常龟裂,湿度大时病斑中部产生粉红色黏质物,严重的病斑连片腐烂。未成熟西瓜染病呈水渍状淡绿色圆形病斑,致幼瓜畸形或脱落。

西瓜炭疽病除采用农业综合措施防治外,一般可采用化学防治,用58%甲霜灵锰锌500倍液喷雾防治。每5～7d一次,连喷3次。或喷洒50%甲基硫菌灵可湿性粉剂800倍液加75%百菌清可湿性粉剂800倍液,或50%多菌灵可湿性粉剂800倍液加75%百菌清可湿性粉剂800倍液混合喷洒,或36%甲基硫菌灵悬浮剂500倍液、80%炭疽福美可湿性粉剂800倍液、2%抗霉菌素(120)水剂200倍液防治,隔7～10d 1次,连续防治2～3次。

【虫害】

(1)西瓜蚜虫。西瓜蚜虫以成虫及若虫群集在瓜的嫩叶背面和嫩茎上吸食汁液。瓜苗嫩叶及生长点被害后,叶片卷缩,瓜苗萎蔫,甚至枯死。老叶受害不卷曲,但提前枯落,造成减产。蚜虫还传播病毒病，引起西瓜病毒病的大量发生。

蚜虫防治：①清洁田园及周围杂草，消灭越冬蚜虫；②瓜蚜点片发生时，用30%乙酰甲胺磷加水5倍涂瓜蔓，挑治中心蚜株，能有效控制蚜虫的扩散；③当瓜蚜普遍发生时，用40%氧化乐果乳油800倍液，或10%吡虫啉可湿性粉剂1 000倍液等药剂防治，喷射到蚜虫体上。

(2)西瓜烟粉虱。成虫和若虫吸食西瓜植株汁液，被害叶片褪绿、变黄、萎蔫，甚至全株枯死。此外，由于其繁殖力强，繁殖速度快，种群数量庞大，群聚为害，并分泌大量蜜液，严重污染叶片和果实，往往引起煤污病的大发生，使西瓜失去商品价值。

烟粉虱的防治，一是利用烟粉虱强烈的趋黄习性，在发生初期，将黄板涂机油挂于植株行间，诱杀成虫。二是进行化学防治，药剂防治应在虫口密度较低时早期施用，可选用10%联苯菊酯(天王星)乳油2 000倍液、或2.5%溴氰菊酯(敌杀死)乳油2 000倍液、或20%氰戊菊酯(速灭杀丁)乳油2 000倍液、2.5%三氟氯氰菊酯(功夫)乳油3 000倍液、灭扫利乳油2 000～3 000倍液等，每隔7～10d喷1次，连续防治3次。

【草害】

套作共生地除草要讲技巧。棉花与西瓜都是双子叶作物，除草前一要选好对路的除草剂品种。

一是忌用稻田施用的除草剂；二是要分清芽前与芽后除草剂；三是在苗床上要推广应用床草净除草；四是要准确掌握除草剂的施用剂量；五是要注意操作管理。要适墒喷施除草剂，氟乐灵、都尔等施药后要用耙与土壤拌和入土表下层；做到先喷药后盖膜，盖膜之后要扎实两边的薄膜，以防大风吹开薄膜，影响施药效果。

四、棉花套种栽培技术要点

1. 棉行施足基肥，精细整地

在播种前对棉田进行深耕细整，做到地平土细。西瓜与棉花套种，其主要矛盾是互相争肥，而且套种后不便于追肥，因此播种时要施足基肥。

2. 棉花育苗移栽

4 月底 5 月初前后在西瓜行中套种。密度以 18 000～19 500 株/hm^2。

3. 田间管理

整枝去掉下部第一二个果枝并实行全程化控。

4. 防治病虫掌握关键时期

选用高效低毒农药,减少用药次数,及时用生物农药防治棉铃虫、棉盲蝽及蚜虫等害虫。共生期用药时可将西瓜用塑料袋薄膜盖好,避免瓜体受农药污染。

第八章　慈杂系列棉花品种的制种技术

抗虫杂交棉花的杂交方式较多，主要有人工去雄杂交、化学杀雄杂交、不育系进行杂交等。但无论采取何种杂交方式，必须考虑到亲本的正确选配。只有合理选配亲本，才能筛选出高强优势杂交组合。慈杂系列棉花一般采用目前较常用的人工去雄杂交制种方法。人工去雄授粉选配的杂种棉，最大的优点是亲本选择范围高、制种田无需隔离。

第一节　棉花的生殖系统

棉苗长到一定的苗龄，其内部达到一定的生理成熟程度，如温、光条件适宜，便开始分化花芽，这时棉花由苗期进入孕蕾期。随着花芽逐渐发育长大，当内部分化心皮时，肉眼已能看清幼蕾，这时苞叶基部约有 3mm 宽，即达到现蕾标准。蕾是花的雏形。随着蕾的长大，花器各部分渐次发育成熟，即行开花。此时棉花便由蕾期进入花铃期。棉花生殖器官的形成始于花原基的分化；现蕾以后雌性配子体逐步形成，并依次发育成熟；而全部有性生殖过程则集中在开花时进行。花芽的发生与分化，花蕾的发育，以及整个开花受精过程，及以后的种子发育和形成和其他有关营养生长共同组成了棉花的一个世代周期。在这个世代周期中，棉花的生殖生长显得尤为重要，因为它直接关系到棉花的皮棉产量和种子产量。

棉花杂交种的配制开始于棉花的开花、授粉和受精，其与棉花的现蕾、开花紧密相关。为了做好棉花杂交种的配制工作，有必要深入了解棉花的花、蕾的结构及其生物学特性。

一、花芽的分化和蕾的发育

棉花的花蕾由混合芽发育而成，而花芽是每一果枝的顶芽演化的结果。当棉苗第2～3片真叶展开时，在主茎顶端果枝始节的位置开始分化形成第一个一级混合芽(即果枝原基)，这是棉株生殖生长的开始。从此，棉株由下而上、由内向外陆续分化混合芽，纵向发育为层层果枝，横向发育为个个果节，其花芽(即花原基)约经15～20d的分化发育成肉眼能识别的幼蕾。棉株现蕾前所分化的花原基，均有可能发育成伏前桃和伏桃，这些花原基是产量形成的主体。

(一)花蕾的生长和发育

棉株通过光照阶段，具备了一定的营养体，若温度上升到20℃以上时，便开始现蕾。

花蕾的生长速度与生长势有密切的关系。生长正常而稳健的棉苗，现蕾后，在花蕾生长的高峰期，花蕾体积增长最快，干重积累最迅速，可是瘦弱的棉苗，花蕾在增长高峰前的生长速度很慢，高峰后的增长速度又陡降。这表明生长瘦弱的棉苗，由于营养生长不足，进入生殖生长时期后，花蕾得不到足够的有机物质，所以一般均表现为现蕾少、蕾小、花小和铃轻；如生长偏旺或疯长类型的棉株，由于营养生长旺盛，消耗了大量的有机养分，现蕾时也得不到足够的营养物质，因而生长不良，蕾的体积小而脱落多。

棉花由出苗至现蕾一般需要30～60d，天数的伸缩除受品种和温度、日长、生长势的影响外，也受栽培管理的影响。如间苗太迟、杂草丛生、前作荫蔽等都会使第一果枝着生节位提高或棉苗生长不良，从而现蕾推迟。现蕾后一星期左右，蕾的生长量较小，体积与干重的增长较慢，在现蕾后10～17d，蕾体积的增长速度呈直线上升，干重的增长没有体积增长的快。但到第17d后，二者便相反，即蕾的体积增长减慢，而干重的增长直线上升。这表明当蕾长到一定体积后，主要是干重的增加。

花蕾的生长发育速度，也可作为棉花看苗诊断中有价值的指标之一。因为棉株从现蕾到开花的阶段，一般 2～4d 向上增加一个果枝，同一果枝上则 4～6d 向外增加一个果节。所以，在看苗诊断中，健壮苗第一果枝、第二果枝的蕾，应与第三果枝第一果枝的蕾大小相近。如后者明显小于前者，则表示长势偏弱或偏旺，其他果枝和果节基本可依次类推。壮苗在同一果枝上的蕾，由内向外逐个变小，比较匀称。而有的果枝横向伸展的速度不快，新生蕾一周后体积仍不到内一果节上蕾的 1/3，有的甚至在 1/5 以下，这些蕾都难免脱落，这种果枝实际上已衰弱到丧失再生果节的功能。

（二）棉花雌性配子体的发育与形成

棉花雌蕊中的雌配子体和雄蕊中的雄配子体分化后需经 25d 左右发育成熟。植物生活周期是在单倍体的配子体世代和双倍体的孢子体世代之间循环交替。孢子体经过减数分裂成单倍体的孢子，然后经细胞增殖和分化，形成配子体。配子体世代的主要功能是形成单倍体配子，而精、卵细胞的融合又产生新的孢子体，从而形成一个生活周期（Raven et al.，1992）。当胚珠原基形成初期，由于一侧生长较快，便不断弯转向下，最后形成倒生胚珠。由胚珠原基外围分生的外珠被和内珠被逐渐延伸长大，包住珠心，最后只在顶端留下一个孔道，为珠孔。珠柄则与外珠被告愈合，原来珠柄顶端部分未再分化，是为合点。由珠心原基产生造孢细胞，经增大变为大孢子母细胞，或称胚囊母细胞。减数分裂后形成 4 个大孢子（即四分体），其中，3 个靠近胚珠孔一端的大孢子逐渐解体，只留下一个靠近合点端的功能大孢子继续发育，经 3 次分裂形成 8 个核的胚囊，在分裂的同时这 8 个细胞核各自迁移到正确的位置，并在分裂完成后形成细胞壁，最终产生了所谓 7 胞 8 核的成熟胚囊结构，此即雌配子体。近珠孔端为一个卵细胞和 2 个助细胞，中央为 2 个极核，近合点端为 3 个反足细胞。临近开花前，胚珠发育成熟，此时形似倒梨形，其直径不足 1mm。开花时，由于表皮上的生毛细胞陆续隆起而使胚珠表皮呈毛糙的砂纸状。

由雄蕊原基产生造孢细胞，经过细胞分裂形成 60～120 个小孢子母细胞（亦称花粉母细胞），这时约在开花前 7～10d。经减数分裂，每个小孢子母细胞形成 4 个小孢子（通常称四分体），分离后的小孢子就是单细胞的花粉粒。随着小孢子体积增大，其外形变圆，外壁加厚，刺状突起增生，并出现许多萌芽孔，此时花粉粒逐渐成熟。花粉粒中有生殖细胞和营养细胞各一个。

（三）现蕾规律

当棉株第一果枝上出现荞麦粒大小（长、宽约 3mm）的三角形花蕾时叫做现蕾。棉花的花蕾是由果靶的顶芽分化发育而成的。一般陆地棉品种长出 6～8 片真叶时，开始出现第一果枝，长出第一个花蕾，大约现蕾后 20～25d 就可发育成完全的花。棉株的现蕾顺序是纵向由下而上、横向由内向外，呈圆锥形顺序进行。以第一果枝第一果节为中心，呈螺旋曲线由内圈向外圈发生。上下两果枝的同一节位现蕾间隔的天数较短，称为纵间期，一般为 2～4d；同一果枝的两个相邻果节，相邻间隔的天数较长，称为横间期，一般为 5～7d，距主茎越远，出现花蕾的间隔时间越长。后期现蕾时间比前期也长。这种差异，主要与棉株的生长势、气候条件、施肥水平等有密切关系。在肥水条件适宜，温度不超过 30℃时，温度越高，现蕾速度越快，现蕾越多。蕾期土壤湿度以保持田间持水量的 70％～80％为宜，如果低于 55％和高于 80％以上时，都会不利于棉株正常生育，影响增蕾保蕾。棉株也有二次生长习性，即棉株在基本吐絮结束时，在气候条件与肥水条件跟上的情况下，又能继续现蕾，但由于后期气温较低，一般均为无效蕾，在生产上无利用价值。

棉花的现蕾速度与主茎的生长速度有密切的关系，但在不同棉种之间又有较大的差异。陆地棉的现蕾速度和现蕾高峰期，与主茎的生长速度同步，即主茎生长的高峰期也是现蕾的高峰期。

在陆地棉中出现生长旺盛的棉株，抑制现蕾的速度，如生产上遇到的肥苗或疯长苗，它们的现蕾速度就比正常苗显著减慢，且蕾小、果枝细弱。弱苗的现蕾速度与主茎的生长虽然也是同步的，但增长速度显著慢于正常苗，蕾也明显变小。

一般来说，当棉株开始现蕾后，即进入生殖生长阶段，但此时仍是营养生长大于生殖生长。在此以后的生长发育过程中，应要求营养生长速度逐渐降低下来，而生殖生长速度则相应加快，进入开花期以后，则要求生殖生长居于领先地位，这是稳产高产的长势长相。如果这一过程的生长不协调，将导致两种可能性：一是疯长，营养生长大于生殖生长而减产；二是成为弱苗，营养生长量不足，搭不成丰产架子，最终仍影响生殖生长而减产。所以在棉花生产上，对现蕾的肥水使用要稳重，一般不宜施用速效肥，而应以施用有机肥料为主；对弱苗则应适当促进，使之早搭丰产架子。

二、棉花的花器结构与开花习性

(一)棉花的花器结构与作用

棉花的花为单花，无限花序。花梗长短依种和品种而异。四个栽培种中，以亚洲棉的花梗最长。棉花的花器较大，除花梗外，每朵花还包括苞叶、花萼、花瓣、雄蕊和雌蕊等6部分组成，为完全花、两性花。它具有虫媒花的特征，可由昆虫传粉，一般异花授粉率为3%～20%，故为常异花授粉作物。为了便于人们去雄杂交，现将棉花花朵图各部分的形态，由下而上、由外向里分述如下(图8-1)。

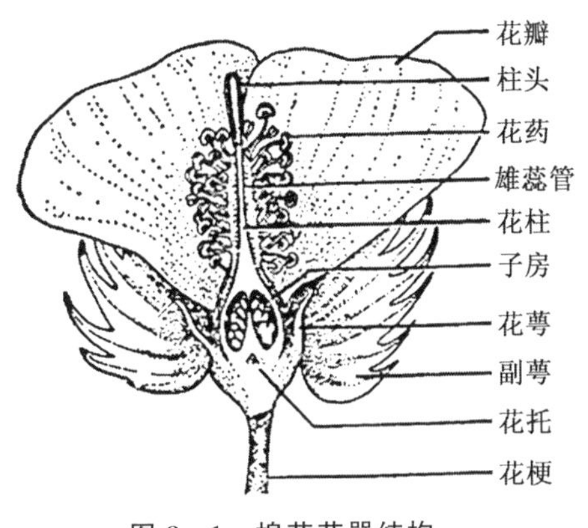

图8-1 棉花花器结构

1. 花梗

花梗又称花柄，位于花朵的最下面，一端与果枝相连,另一端顶部膨大称为花托。花梗上着生花器官的各部分,一方面起到支撑花器的作用,另一方面又是各种营养物质由果节运向花器的唯一通道。棉铃形成后,花梗则称为铃柄。

2. 苞叶

又称苞片,在植物学上属副萼。着生在花的最外层。通常为3片,也有少数的花仅有两片。苞叶形状形似三角形,3个苞叶基部分离或联合。上缘锯齿状,中间的苞齿最长最宽,两边的渐短渐窄;苞叶基部呈心脏形凹入。通常每一片苞叶基部外侧有一下凹的椭圆形蜜腺,开花时分泌蜜汁,可引诱蜜蜂等昆虫在采蜜的同时帮助传粉。但有了蜜腺亦易为铃病病菌侵染,并有可能诱致某些昆虫产卵。

苞叶是一种叶形器官,它是由变态叶演化而来,因而它与叶片极其相似,具有叶片的许多功能。苞叶在蕾期生长最快,当三片苞叶完全包裹着幼蕾时,可形成一个立体四面体,花铃期减慢仍可生长,一般在开花后25～30d才停止生长。苞叶多为绿色,也有少数品种呈紫红色,可一直生存到棉铃成熟。据统计,苞叶的叶绿素含量大体相当于果枝叶的1/3,而其光合强度约相当于果枝叶的1/4,能供给蕾、铃营养。据统计,棉铃内积累的光合产物中约有5%来自于苞叶。若摘除苞叶,会增加蕾铃脱落,并减轻铃重。苞叶除能进行光合作用合成有机物外,还对棉铃具有一定的保护作用。因而在棉花杂交去雄时,应尽量不要伤及苞叶。

3. 花萼

位于苞叶与花瓣之间。5片萼片联合着生在花瓣基部的外方,呈为波浪形的一圈,围绕着花瓣。由于花萼宽度很小,始终隐藏在苞叶的里面,平常不易看见,当苞叶被掰开时,萼片才露出。萼片也是叶的变态,呈黄绿色,也能进行光合作用,但光合能力很弱。在花朵凋萎脱落后,可见花萼紧贴于棉铃的基部,并随着棉铃的发育而增大。花萼的生活力极强,直到棉铃成熟时才枯萎。在花萼外侧基部两苞片相交处,各有一下凹较浅的萼外蜜腺;在花萼内侧有一圈萼内蜜腺，腺体不太明显，都能分泌蜜汁，一般开花前后 2～3d 分泌蜜汁最多。

4. 花瓣

棉花花朵共有 5 片花瓣，5 片花瓣合为花冠。花瓣近似倒三角形，开放的花瓣长大于宽，互相重叠似覆瓦状，花瓣外缘左旋或右旋。花瓣的上部、基部和内外缘有许多无色的茸毛，互相交织在一起，将花瓣旋转折叠的非常紧密。到开花前 4～5d，花冠生长加速，到开花前一天下午，花冠急剧伸长，突出于苞叶外，开花当天的上午 8 时以后，由于花瓣生长的不平衡作用而使花冠开放。棉花的花瓣中含有大量的花青素，其颜色的变化随细胞中酸碱度的变化而变化，一般在酸性条件下表现为红色，在碱性条件下表现为蓝色。在棉花开花时，花的各部分呼吸作用增加，从而使棉花花瓣细胞中酸度逐渐增大，因此到开花当天的下午棉花花冠的颜色就逐渐由乳白色转变为粉红色，随后随着酸度的增加，第二天红色更深以至于变成紫红色，最后花冠枯萎而脱落。这就是棉花花冠在开花时颜色变化的原因所在。根据这一点在田间可正确区分开花的时间。但是，棉花花瓣变色的速度还受其他因素的影响，其中温度的影响最为明显。当温度较高时，花瓣变红的速度较快；当温度过低或过高时，则不利于棉花花瓣细胞质的酸度变化，从而使花瓣变化的速度也较慢。花瓣不仅对棉花雌蕊和雄蕊具有保护作用，而且还可能有临时储藏养分的功能，这些养分可供棉花开花时所需。

5. 雄蕊

位于花冠之内，单体雄蕊分为花丝和花药两部分。雄蕊的数目很多，花丝基部联合呈管状，与花瓣基部相连接，套于雄蕊花柱和子房的外面，称为雄蕊管。雄蕊管同花瓣的基部结合在一起。

因此，在棉花去雄时，应从花冠基部撕开，这样就能将整个雄蕊和花冠一起剥净。花丝在雄蕊管上排成 5 棱，与花瓣对生，每棱上有两列，每根花丝的顶端着生一个肾脏形花药。每朵花通常有

60～90 个雄蕊，亦有多至 100 个以上的。花药在花粉形成初期一直为 4 室，其后随花药成熟，药隔逐渐解体。雄蕊的花丝一端与雄蕊管相连，另一端着生花药。由于花丝着生在横向花药的中间，所以又叫丁字药。棉花开花后，花药在背面裂开，花粉粒随即散出，进行授粉。每个花药中的花粉粒的数目不同，一般同一品种差别不大，有少则数十，多则一二百粒花粉，其数目受遗传控制，但受环境条件的影响较大。如棉花生育中期的花粉数较多，而后期则较少；棉花的雄性不育系株，其花药小而瘪，其内部完全没有花粉粒。棉花的花粉粒成球形，表面略带黏性，并有许多刺状突起，这些特点易被昆虫传带并粘附在柱头上而利用昆虫传粉。棉花的花粉呈球形，表面有许多刺状外突，便于附着在柱头或昆虫体上，或相互粘附不易被风吹散。花粉粒表面有发芽孔 10～20 个。同一朵花内，基部的花粉粒较大，所以用下部花粉授粉，其结铃率较高，后代生长较好。花粉中有刺激物，能刺激柱头的分泌作用。花粉充足时，可使受精完全，减少不孕子及蕾铃脱落。花粉内有大量的淀粉，因而具有较高的渗透压，在潮湿条件下或遇水，花粉粒易吸湿而破裂，从而失去受精能力。此外，棉花花粉中还富含有蛋白质、可溶性糖及类胡萝卜素等营养物质。不同品种花粉中的类胡萝卜素的含量不同，从而造成不同品种的花粉颜色的深浅之分。

6. 雌蕊

位于花朵的中央，属于合生雌蕊，由 3～5 个心皮组成，包括柱头、花柱和子房 3 部分。

(1)柱头。柱头是雌蕊顶端接受花粉的部分，上有纵棱，陆地棉 4～5 棱。柱头的棱数与子房的心皮数相同。柱头伸长于雄蕊管之外，柱头上有乳头状突起，可分泌黏液以粘附花粉。柱头的组织通过花粉传递组织与子房内的胚珠相连。传递组织是花粉管生长的通道，且提供其生长所需的营养。柱头内传递组织形成多束，包埋在基本组织内，呈十字形排列，并分布着维管束组织。

(2)花柱。花柱是连接柱头和子房的中间部分,从花器发育的解剖结构来看,它是心皮向上延伸的部分。花柱有支持柱头的作用,使它伸到适当的位置,便于授粉。花柱又是花粉管进入子房的通道,且对促进花粉管的生长起着重要作用。棉花的花柱是实心的,花柱的中央有传递组织。花柱在开花前后,其生长速度变化较大,开花前一天生长最快,开花当天早晨6时以前,生长速度尚快,8时以后,生长速度减慢,至14时即停止生长。如果该柱头上没有授粉受精,则花柱还能继续生长,使柱头高高地突出于雄蕊群之上,直至丧失生活力为止。受精以后,柱头、花柱连同雄蕊管和花冠一起脱落,露出子房。

(3)子房。子房位于花柱下面,是雌蕊的主要部分,它的外形呈圆锥状,在花冠、雄蕊管和花柱等部分脱落后的子房,就是幼小的棉铃。

棉花的子房由3～5个心皮组成,将来发育成3～5瓣花瓣。心皮是变态叶,在形态与结构上与叶很相似,这些心皮的上部组成了花柱和柱头,下部形成了子房部分。随着心皮逐渐长大,各心皮的两缘转为向心生长,两枚相邻心皮的向心部分相互合拢,组成子房各室的隔片。各心皮中央为一主脉,各主脉中央嵌生一薄层薄壁细胞,使该处形成一条纵沟,将来棉铃成熟时即从此纵沟处开裂。相邻的两个心皮以其边缘在子房中央愈合成一个中轴,成为胚珠着生的地方,故称为中轴胎座。各心皮在中央愈合后,形成隔膜与中轴,将子房分成3～5室,每室倒生7～11个胚珠。一个子房最多可着生50～60个胚珠,每个胚珠受精后,将来发育成一粒种子。胚珠在每室的顶尖上只着生一个,其余则成对排列,所以每室中的胚珠数均为奇数。胚珠受精后发育为棉子,未受精的则形成不孕子。在各心皮的下部形成子房的同时,其上部聚合向上生长,形成细长的花柱和柱头伸入雄蕊管,待到开花前的下午才伸出雄蕊管。柱头上的纵沟即为两心皮相遇的遗迹,此遗迹将来还留在铃尖上。

（二）棉花的开花习性和开花规律

1. 棉花的开花规律

棉花的开花也像现蕾一样，遵循着一定的规律顺序进行，其规律与现蕾的规律基本相似。当棉田内有50%的棉株开花时称其为开花期。棉花的花蕾自花原基分化后，约经40～50d的生长发育，花器的各部分已发育成熟，即行开花。在开花前一天的下午，花冠急剧生长，露出苞叶顶部，这是开花的前兆。通常开花时间多在翌日上午7～9时。温度高时稍早，温度低时则稍推迟。花冠的开放主要是因为花瓣生长的不平衡所引起的，即幼小花瓣在生长时，其顶部生长较基部生长迅速，于是向外张开；同时，由于花瓣内部生长快，外面生长慢，这种生长使花瓣向外弯曲也使花冠开放。开花时，花冠张开，花朵各蜜腺分泌蜜汁，花药开裂并散出花粉，开始进行授粉。刚开放的花冠为乳白色，当日下午开始转红，次日加深为紫红色，并逐渐凋萎，第3天以后花冠和雄蕊管连同花柱、柱头一齐脱落。有些凋萎的花冠，因遇雨腐烂，不易脱落而较长时间粘附于受精后的子房上，以至影响幼铃的生长。

棉株开花的规律与现蕾相同，也是由下而上、由内向外呈圆锥形顺序进行的。开花的时间间隔，一般相邻两果枝的同节位花相隔2～4d，同一果枝相邻节位的花间隔5～7d。通常是内围和下部的花间隔天数少，外围和上部的花间隔天数多。但又因不同品种、气候及栽培条件不同又有所变化。

一般棉田在始花后15d进入盛花期。盛花期的长短与棉花产量有密切的关系，高产田块的盛花期要求在30d左右，且盛花期以后，每天的开花数量逐步减少，不陡然下降。

棉花一生中呈现两个开花高峰，比现蕾高峰迟20～25d。这是由于棉株开花的进程，既直接受现蕾进程的影响，也受温度影响的结果。温度对现蕾的迟早、数量和蕾期（现蕾～开花）的长短都有密切的关系。随着温度的增高，现蕾数增多，蕾期缩短。因此，现蕾的气候因子，可以间接地预示以后开花的情况。

2. 开花与外界环境条件的关系

棉花的开花，受环境的影响较显著。一般棉花开花要求20℃以上的温度，最适宜温度是25～30℃。在一天中，则以上午8～10时开花最盛，如果气温下降到14.5℃以下，即使是长足的花蕾，也不能正常开放，有的表现为花瓣展开，但花药不能裂开，妨碍了正常的散粉、授粉，因此不能结铃而脱落。遇到这种情况，如要进行杂交，可把雄蕊采下来，适当加温或放在阳光下晒一下，就能促使花药开裂，使花粉散出再进行授粉。低温也可使花器官发生变异，如果花蕾在开花前连续几天遭受低温(指夜间温度为几小时12℃以下的低温)影响，除苞叶外，花的外形将显著减小，尤其是花瓣的长度超不过苞叶，花丝不伸长，花药变小而不开裂，柱头不能伸出雄蕊群；但温度回升后，没有开放的幼蕾仍能恢复正常生长，气温偏低或遇阴雨，也可使开花的时间推迟到下午或雨停后开放。没有开放的花蕾如遇到33℃的高温，也会使花器官发生变异，并使柱头异常生长，变为长柱头花，不能自花授粉，从而影响受精而导致幼龄脱落。但当温度下降后，没有开放的幼蕾又恢复正常生长。如果温度偏低，同样会影响柱头生长的长度，一般比正常柱头短，位于雄蕊群以下，称为短柱头花。像这样的柱头，由于授粉面积小，使授粉量不足，同样影响到胚珠受精，导致幼龄脱落。

三、棉花的授粉与受精

棉花雌雄同花，在自然条件下自花授粉为主，但因棉花的花朵大，色彩鲜明，又富有蜜腺，能引诱昆虫，花粉粒上有刺，容易被昆虫所携带，故往往有一部分为异花授粉，所以，棉花属于常异花授粉作物。其天然杂交率一般为3％～20％不等。在一地多品种的情况下，常因异花授粉而增加品种间混杂的可能性。尤其对于杂种棉的制种更应引起重视，以防引起混杂，而产生假杂种。

棉花开花散粉后，花粉粒就会落在棉花的柱头上，进而花粉粒萌发进入胚囊并与雌配子体结合完成受精过程。

（一）花粉粒的萌发

落在柱头上的花粉，一般在1小时内即可萌发伸出花粉管。花粉管穿入柱头，沿着花柱传递组织的细胞间隙向前生长。在花粉管伸入花柱几百微米后，即可见花粉管的前端充满丰富的细胞质，并有一个营养核和两个精细胞。随着花粉管的伸长，花粉粒内的储藏物质随之集中到膨大的花粉管的前端，而在后部较老部分则产生一种胼胝质栓将花粉管前后隔开。在这栓塞后部的细胞质逐渐退化解体。一般授粉越充分，雄蕊组织的代谢活动也越旺盛，生长素增加就越明显。因此花粉管到达子房的时间与落在柱头上的花粉粒多少有关。当花粉多时，萌发的花粉管多，花粉管到达子房只要8h；而花粉粒少时，却可能延长至15h左右。由于柱头的每一纵棱与其下相应的一部分花柱和子房的某一室同属一个心皮，因而花粉管总是沿同一心皮的相同部位进入子房的，花粉管伸入另一室内极为偶然。

花粉粒生活力在开花后通常能维持5～6h，24h内花粉粒的生活力仍可达到68%。但随后生活力会逐渐降低，以至消失。而柱头的生活力大约可维持2d。如开花当天因遇雨而未曾授粉或授粉失败，则次日仍能继续授粉。在开花前2～3d从花朵中取出的花粉粒，生活力可保持40多个小时，如在低温下保持其生活力可维持更长的时间。花粉粒的生活力受多种因素的影响。首先不同棉种的花粉生活力不同。其次，温度对花粉粒生活力的影响较大，33℃以下的温度对棉花花粉粒生活力的影响不大，不会对棉花授粉受精产生不良影响。但遇到33℃以上的高温时，由于高温易使花粉粒败育而降低花粉粒的萌发率，因而在遇到这种情况时，适当增大授粉量以便获得足够的杂交种。

（二）受精过程

花粉管经过珠胚进入胚囊后，放出两个精细胞，一个精细胞与卵细胞结合形成受精卵，将来发育成胚；另一个精细胞则与二个极核融合成胚乳核，以后发育成胚乳，这一过程称为“双受精”。从授粉到受精完成，需 24～48h，时间的长短因品种及温度等环境条件的不同而有差异。

第二节　棉花的杂交和自交

一、棉花的杂交

棉花杂交种的获得离不开棉花两亲本间的杂交。所谓杂交是一个亲本的花粉授到另一个亲本的柱头上，完成花粉粒的萌发和受精过程。通过双亲的杂交，使双亲有利的显性基因全部聚集在杂交种里，或者是双亲基因型的异质结合，引起等位基因间的相互作用，表现出棉花的杂种优势。

1. 人工去雄杂交

这种杂交是把母本雄蕊部分去掉，采集父本的花粉授到母本的柱头上，完成棉花授粉受精的过程。目前，我国大部分推广的杂种棉都是通过这种杂交方式获得杂交种，如中棉所 28 号、中棉所 29 号、冀棉 18 号、苏杂 16、湘杂棉 1、湘杂棉 2、慈杂系列棉花等。

2. 采用化学杀雄进行杂交

利用化学杀雄剂，在母本生长期喷施，造成母本花粉败育，采集父本花粉，授到母本柱头上，完成棉花授粉受精的过程。我国 20 世纪 70 年代进行了广泛的棉花化学杀雄剂的研究和试验，但结果并不理想，表现为杀雄不彻底，对雌蕊的柱头有较大的损伤。20 世纪 90 年代，美国 CHEMBRED 公司和我国西南农业大学对棉花杀雄剂进一步研制，并用于试验，效果较好，目前还没有较大面积推广。

3. 利用不育系进行杂交

母本为雄性不育，采集父本的花粉授到不育系的柱头上，进行授粉受精。这种方式省去了人工去雄，比较省时省工，不易混杂。目前利用的不育系主要是核雄性不育系，四川推广的杂种棉都是采用这种方式生产出来的杂交种；胞质不育系利用较少。

二、棉花的自交

棉花杂种优势的高低与亲本的纯合性有着密切的关系，据中国农业科学院棉花研究所研究，混杂退化的亲本杂交种比纯度高作亲本的杂种优势率下降8%～10%。所以，杂种利用中，必须对亲本材料进行保纯，这就必须有效地防止亲本天然杂交而发生遗传变异，以保持亲本材料的纯合性。棉花为常异花授粉作物，又是蜜源作物，容易招致蜜蜂等昆虫的天然传粉。这样人们就必须人为地对棉花实行自交，通过自交来保存棉花亲本材料。

棉花自交的方法很多，以单花自交最为经济、方便。单花自交多采用花蕾开放前一天封闭花冠的方法，常用的有：线束法、圈套法、钳夹法、胶粘法、套袋法等。各种方法各有优缺。

1. 线束法

就是用棉线捆扎花冠，即用半尺多长的棉线，一头捆在花柄基部，另一头捆住花冠顶部（注意：不要捆扎得太紧或太松，太紧影响授粉效果，太松易脱落，从而造成棉花的天然杂交）。这样花瓣掉落时，棉线仍会挂在棉铃梗上作标记。

2. 圈套法

就是用预先制作好的线圈直接套在花冠上而防止棉花花冠开放，从而达到棉花自交的方法。

3. 钳夹法

在开花的前一天下午，在伸长突出于苞叶之外的乳白色的花冠上，用曲别针夹住花冠顶部，以便使第二天开花时花冠不能张开而进行自交，同时须挂牌或挂线作标记。

4. 胶粘法

是棉花自交的最简单方法。其具体做法是用滴管吸取预先配制好的油漆（醇酸磁漆），滴少量于花冠顶部和花柄基部，油漆可粘住花冠不开放，从而达到棉花自交的目的。花冠基部的油漆可作为棉花自交的标记。

5. 套袋法

是用纱布或牛皮纸作成长约10cm,宽约6～7cm的小布袋或小纸袋。在开花的前一天下午,套在第二天即将开放的花朵上,以防蜜蜂等昆虫钻入。

6. 方纸片法

用牛皮纸裁剪成4cm正方形的纸片,用剪刀垂直沿纸片对角线中央剪成1cm长的裂口,用带有小口的纸片扣在次日要开的花蕾顶部1cm处,两天后纸片可回收,再利用多次。这种方法最适合全株自交或防止花粉串粉,此方法速度快,效果好。

以上所有自交方法,均需于开花前一天的下午进行处理,并进行标记。待开花后还必须及时进行检查处理花蕾是否开放,若开放应及时进行摘除。

第三节 抗虫杂交棉人工制种技术

利用人工制种的最大优点是父母本选配不受限制,配制组合自由,但由于全部采用人工操作,工作强度较大,种子生产成本较高。但随着人工去雄杂交技术的改进,制种产量逐年提高。同时由于人工制种的杂交种无不育因子介入和亲本选配的选择,在生产上大多可利用二代种,这就使杂种优势的利用面积比只利用杂种一代扩大了50余倍,从而大大提高了棉花杂交种的使用面积。因而,目前采用人工去雄杂交制种法生产杂交种子是国内迄今棉花杂种优势利用面积最大、效果较好的途径。

人工杂交制种是用人工剥去母本的雄蕊,再把父本的花粉涂在母本柱头上,而产生出杂交种子的制种方法。其常规技术和方法如下:

一、前期准备

1. 亲本来源

经封花自交、病圃鉴定,海南冬繁提纯后统一供制种田使用。

2. 人员培训

按每公顷制种田配制操作人员60人左右，管理质检人员2～3人。上岗人员须经技术培训，熟悉制种程序，树立质量意识，并在制种开始前10d预留拇指指甲。

3. 常用工具制备

制种开始前夕，备好临时标记线（以红绳为佳，20cm长）、网袋、箩筐、镊子、授粉瓶等。

4. 制种地选择

制种田宜选在地势平坦，通风向阳，肥力中等，无枯黄萎病等的棉田。

5. 田间操作与肥水管理

4月上旬至4月中旬抢晴天播种，5月上中旬棉株有3片真叶以上时，爽土移栽。密度27 000～30 000株/hm^2。双亲以父母本比例1∶(6～7)间隔种植，以方便授粉。正常肥水管理，6月中旬至8月上旬，根据苗情与气候，喷矮壮素2～3次，每次45～300ml/hm^2。

6. 花期调节

本地制种以7月上旬至8月下旬为制种时限，将集中开花成铃期控制在50d左右。去除营养枝下部2～4个果枝，提高第一制种果枝着生高度。在8月上旬有效果枝数达14～16档时打顶，并用矮壮素300ml/hm^2封顶。

二、制种程序

1. 整理

制种开始前一天，将已成的铃及花朵全面摘除，制种开始后3d内亦要注意清除自然铃。

2. 去雄

(1)时间与对象。下午3～7时为去雄时间，按花序寻找花冠变白、变软、急剧伸长、露出苞叶顶部的花蕾为去雄对象。对于判断不准或漏掉花蕾，应在第二天清晨6时前补去雄。

(2)方法。一只手握住蕾柄，另一只手的拇指甲从花冠基部切入，直至子房壁外白膜，环剥花冠，连同雄蕊管一起剥下，顺手在苞叶上放一根标记线，并在已去雄的花柱上套上麦管。

(3)质量要求。去雄要彻底，花柱上不准有连着花丝的花药，不得损伤子房和花柱，尽量保证子房壁外白膜与苞叶的完整。

3．授粉

(1)取粉。8 时前(阴雨天稍晚)摘下父本花朵，用锯条把花药锯在白纸上，把花药倒入授粉瓶。

(2)授粉时间。通常在上午 8～11 时进行，遇露水太大或雨天，可适当推迟，并将花粉放在冰箱或凉爽的地方，以便保持花粉活力。

(3)授粉方法。一只手拿授粉瓶，另一只将已去雄的苞片推开，取下麦管，露出花柱，花柱斜伸入授粉瓶底的小孔内转一下，在有花粉粘上的情况下，再套上麦管，顺手将标记线取下。每给一朵花授粉后，必须立即在授粉花的柄上作一标记，以防收获时将非杂交铃混手杂交铃内。

(4)质量要求。授粉量要充足、均匀(肉眼观察可见柱头上附着许多花粉粒)，尽量避免漏授粉，授粉时切忌让水进入瓶内。

(5)注意事项。在去雄、授粉时遇到阵雨或连续阴雨，要将去雄后的柱头套上麦管或塑料软管，授粉时取下，授粉后再行套上，防止雨水冲刷。在整个制种期间，制种田不得有花朵开放，防止自交成铃。制种结束，及时去除果枝末端及果枝的花蕾，并连续 10d 摘除花朵。

4．采收加工

当棉株进入初絮时期，即可开始采摘。应及时采收，以防阴雨天气影响棉籽质量。加工前应充分清理轧花机，以防混杂。

附录 1

农作物品种审定规范　棉花

（中华人民共和国农业行业标准 NY/T 1297—2007，
2007 年 4 月 17 日农业部发布，2007 年 7 月 1 日实施）

1　范围

本标准规定了棉花品种审定的术语和定义、内容和依据，给出了审定棉花品种的评价标准和评判规则。

本标准适用于棉花品种的审定。

2　规范性引用文件

下列文件中的条款通过本标准的引用而成为本标准的条款。凡是注日期的引用文件，其随后所有的修改单（不包括勘误的内容）或修订版均不适用于本标准，然而，鼓励根据本标准达成协议的各方研究是否可使用这些文件的最新版本。凡是不注日期的引用文件，其最新版本适用于本标准。

ASTMD5867 大容量纤维测试仪（HVI）测定棉纤维的试验方法标准

《主要农作物品种审定办法》2001 年 2 月 26 日农业部第 44 号令

3　术语和定义

下列术语和定义适用于本标准。

3.1 品种 variety

人工选育或发现并经过改良、形态特征和生物学特性一致、遗传性状相对稳定的植物群体。

3.2 丰产性 yielding ability

品种在区域试验中比对照品种平均增减产的百分率和差异显著性。

3.3 适应性 adaptability

品种在区域试验中对不同环境的综合适应能力。

3.4 稳定性 stability

品种在连续 2 年(含)以上区域试验中特征特性等遗传性状保持不变,无分离变异现象。

3.5 生育期 growth period

从出苗期至吐絮期的天数。

3.6 上半部平均长度 upper half mean length

棉纤维长度测定时,重量占纤维束一半(50%)的较长纤维部分的根数的平均长度。

3.7 断裂比强度 strength

纤维试样受到拉伸直至断裂时,所显示出来的每单位线密度所能承受的断裂负荷。通常采用 3.2mm(1/8 英寸[①])隔距比强度。

3.8 马克隆值 micronaire value

固定重量的棉纤维在一定容积内透气性的量度值,用以反映棉纤维细度和成熟度的综合指标。

3.9 整齐度指数 uniformity index

棉纤维长度测定时,平均长度和上半部平均长度之比,以上半部平均长度的百分率表示。

3.10 反射率 reflectance

棉纤维对光的反射程度。

3.11 黄度 yellowness

① 英寸为非法定计量单位:1 英寸=2.54cm

棉纤维白度差别的物理量。

3.12 伸长率 elongation

棉纤维试样受到拉伸直至断裂时，纤维的绝对伸长量与拉伸前纤维自然长度之比，以百分率表示。

3.13 纺纱均匀性指数 spinning consistency index

棉纤维多项物理性能指标按照一定纺纱工艺加工成成纱后的综合反映。

3.14 抗病性 resistance to disease

品种抗阻病原物侵染、繁殖和危害的能力。

3.15 抗虫性 resistance to pests

品种抗阻害虫生长、发育和危害的能力。

3.16 早熟性 earliness

品种完成从出苗至收获的生育进度，主要表现为生育期的长短和霜前花率的高低，通常用霜前花率表示。

3.17 霜前花率 percentance of seed－cotton yield before frost

霜前实收籽棉产量占籽棉总产量的百分率。

3.18 衣分 lint percentage

单位籽棉中皮棉重量占籽棉重量的百分率。

3.19 对照品种 check variety

区域试验和生产试验中的参照品种，应为通过审定并在适宜区域内生产上大面积推广应用的主栽品种。

4 品种审定

4.1 申报审定品种的基本条件

基本条件应具备：

——人工选育或发现并经过改良；

——与现有品种有明显区别；

——遗传性状相对稳定；

——形态特征和生物学特性一致；

——转基因品种应提供农业转基因生物安全证书；

——具有适当的品种名称。

4.2 试验和鉴定单位

农作物品种审定委员会确定棉花品种区域试验、生产试验的田间试验单位、纤维品质检测单位、抗性鉴定单位。

4.3 审定依据

棉花品种区域试验、生产试验、纤维品质检测、抗性鉴定结果，品种审定委员会认为有必要提供的其他材料。

5 评价标准

根据 ASTM D5867 检测的纤维品质上半部平均长度、断裂比强度、马克隆值三种指标的综合表现，将棉花品种分为Ⅰ型、Ⅱ型、Ⅲ型三种主要类型。Ⅰ型：上半部平均长度≥31mm、断裂比强度≥34cN/tex、马克隆值 3.7～4.2；Ⅱ型：上半部平均长度≥28mm、断裂比强度≥30cN/tex、马克隆值 3.4～5.1；Ⅲ型：上半部平均长度≥25mm、断裂比强度≥28cN/tex、马克隆值 3.4～5.5。

品种审定采取对Ⅰ型、Ⅱ型、Ⅲ型品种的量化指标和非量化指标打分的方法，量化指标占 70 分，非量化指标占 30 分；其他类型品种由品种审定委员会根据品种区域试验实际表现进行审定。

5.1 量化指标

包括纤维品质、皮棉总产量、抗病性和早熟性等四项指标，根据区域试验汇总结果，按附录 A 要求对申请审定品种进行评分，最高分值 70 分。

5.1.1 纤维品质

纤维品质占品种评价量化指标总分的权重，Ⅰ型为 40%，Ⅱ型、Ⅲ型均为 30%；Ⅰ型、Ⅱ型、Ⅲ型达到基础指标的分值分别为 20 分、13 分、13 分；Ⅰ型最高分值 28 分，Ⅱ型、Ⅲ型最高分值均为 21 分。

5.1.1.1 上半部平均长度

基础指标的分值，Ⅰ型为4分，Ⅱ型、Ⅲ型均为3分；在基础指标以上，上半部平均长度每增加1mm，Ⅰ型加2分，最高分值8分；Ⅱ型、Ⅲ型加1分，最高分值6分。

5.1.1.2 断裂比强度

基础指标的分值，Ⅰ型为8分，Ⅱ型、Ⅲ型均为6分；在基础指标以上，断裂比强度每增加1cN/tex，Ⅰ型加2分，最高分值12分；Ⅱ型、Ⅲ型加1分，最高分值9分。

5.1.1.3 马克隆值

基础指标的分值，Ⅰ型为8分，Ⅱ型、Ⅲ型均为4分；在基础指标范围内，Ⅰ型最高分值8分；Ⅱ型马克隆值3.7～4.2加2分、3.5～3.6加1分、4.3～4.9加1分，最高分值6分；Ⅲ型马克隆值3.7～4.2加2分、3.5～3.6加1分、4.3～4.9加1分，最高分值6分。

5.1.2 皮棉总产量

皮棉总产量占品种评价量化指标总分的权重，Ⅰ型为30%，最高分值为21分；Ⅱ型、Ⅲ型为40%，最高分值为28分。皮棉总产量达基础指标的分值，Ⅰ型、Ⅱ型、Ⅲ型分别为13分、20分、20分。在基础指标以上，皮棉总产量Ⅰ型每增加1个百分点加2分，每减少1个百分点减0.5分；Ⅱ型、Ⅲ型每增加1个百分点加1分，每减少1个百分点减1分。

在基础指标基础上，Ⅰ型再减产10个百分点的品种实行一票否决；Ⅱ型、Ⅲ型再减产5个百分点的品种实行一票否决。

5.1.3 抗病性

抗病性占品种评价量化指标总分的权重，Ⅰ型、Ⅱ型、Ⅲ型均为20%，达到基础指标的分值均为7分，最高分值均为14分，感枯萎病品种实行一票否决。

5.1.3.1 枯萎病抗性

基础指标的分值，Ⅰ型、Ⅱ型、Ⅲ型均为4分，在基础指标基础上，耐级减4分、高抗级加4分，最高分值8分。

5.1.3.2 黄萎病抗性

基础指标的分值，Ⅰ型、Ⅱ型、Ⅲ型均为 3 分，在基础指标基础上，感级减 3 分、抗级加 2 分、高抗级加 3 分，最高分值 6 分。

5.1.4 早熟性

早熟性占品种评价量化指标总分的权重，Ⅰ型、Ⅱ型、Ⅲ型均为 10%，最高分值为 7 分。基础指标的分值为 2 分，在基础指标以上，霜前花率每增加 3 个百分点加 1 分。

5.2 非量化指标

未进行量化评价的品种抗逆性、适应性、稳定性以及生产试验结果等为非量化指标，最高分值 30 分，由品种审定委员会委员根据品种实际表现评分。

5.3 品种得分计算

将量化指标和非量化指标得分相加为品种总得分，小数点后四舍五入，保留整数。

评判规则

品种初审会议时，审定委员会委员根据量化指标和非量化指标评分标准对纤维品质中已明确的三项指标均达到基础指标、无重大种性缺陷、未被一票否决的品种进行评分，计算出品种总分。经无计名投票表决，总分 60 分（含）以上的票数超过专业委员会委员法定人数 1/2 以上的品种，予以通过。

其他类型品种由品种审定委员会根据具体情况进行审定。

附录 A
（规范性附录）
棉花品种审定量化指标评分表

表 A.1　种子质量检验标准

品种类型	项目	纤维品质（HVICC 标准）			抗病性		丰产性	早熟性
		上半部平均长度（mm）	断裂比强度（cN/tex）	马克隆值	枯萎病	黄萎病	皮棉总产量	霜前花率
Ⅰ型	基础指标	≥31	≥34	3.7～4.2	抗	耐	常规棉参试品种为常规对照的 95%、为杂交对照的 85%；杂交棉参试品种为常规对照的 100%、为杂交对照的 95%	80%
	基础分值	4	8	8	4	3	13	2
	最高分值	8	12	8	8	6	21	7
	加减分	每增加 1mm 加 2 分	每增加 1cN/tex 加 2 分		耐：减 4 分 高抗：加 4 分	感：减 3 分 抗：加 2 分 高抗：加 3 分	每增加 1 个百分点加 2 分；每减少 1 个百分点减 0.5 分	小于 80%得零分；80%以上，每增加 3 个百分点加 1 分

续表

品种类型	项目	纤维品质（HVICC 标准）			抗病性		丰产性	早熟性
		上半部平均长度（mm）	断裂比强度（cN/tex）	马克隆值	枯萎病	黄萎病	皮棉总产量	霜前花率
Ⅱ型	基础指标	≥28	≥30	3.4～5.1	抗	耐	常规棉参试品种为常规对照的 105%、为杂交对照的 95%；杂交棉参试品种为常规对照的 110%、为杂交对照的 105%	80%
	基础分值	3	6	4	4	3	20	2
	最高分值	6	9	6	8	6	28	7
	加减分	每增加 1mm 加 1 分	每增加 1cN/tex 加 1 分	3.5～3.6 加 1 分 4.3～4.9 加 1 分 3.7～4.2 加 2 分	耐：减 4 分 高抗：加 4 分	感：减 3 分 抗：加 2 分 高抗：加 3 分	每增加 1 个百分点加 1 分；每减少 1 个百分点减 1 分	小于 80% 得零分；80% 以上，每增加 3 个百分点加 1 分

续表

品种类型	项目	纤维品质（HVICC 标准）			抗病性		丰产性	早熟性
		上半部平均长度（mm）	断裂比强度（cN/tex）	马克隆值	枯萎病	黄萎病	皮棉总产量	霜前花率
Ⅲ型	基础指标	≥25	≥28	3.4～5.5	抗	耐	常规棉参试品种为常规对照的 110%、为杂交对照的 100%；杂交棉参试品种为常规对照的 115%、为杂交对照的 110%	80%
	基础分值	3	6	4	4	3	20	2
	最高分值	6	9	6	8	6	28	7
	加减分	每增加 1mm 加 1 分	每增加 1cN/tex 加 1 分	3.5～3.6 加 1 分 4.3～4.9 加 1 分 3.7～4.2 加 2 分	耐：减 4 分 高抗：加 4 分	感：减 3 分 抗：加 2 分 高抗：加 3 分	每增加 1 个百分点加 1 分每减少 1 个百分点减 1 分	小于 80% 得零分；80% 以上，每增加 3 个百分点加 1 分

注：1. 感枯萎病品种实行一票否决；2. 在基础指标基础上，Ⅰ型再减少 10 个百分点的品种实行一票否决；Ⅱ型、Ⅲ型再减少 5 个百分点的品种实行一票否决

附录 2

田间调查记载和室内考种项目

1 田间记载项目

1.1 生育时期

1.1.1 播种期

实际播种的日期(以月/日表示,下同)。

1.1.2 出苗期

幼苗子叶平展达50%的日期。

1.1.3 开花期

开花株数达50%的日期。

1.1.4 吐絮期

吐絮株数达50%的日期。

1.1.5 生育期

从出苗期至吐絮期的天数。

1.2 整齐度与生长势

苗期、花期、絮期目测植株形态的一致性和植株发育的旺盛程度。整齐度与生长势的优劣均用1(好)、2(较好)、3(一般)、4(较差)、5(差)表示。

1.3 农艺性状

第一果枝节位在棉花现蕾后调查;株高、单株果枝数、单株结铃数黄河流域和长江流域棉区在9月15日调查。西北内陆棉区在9月5日调查。

1.3.1 第一果枝节位

棉花现蕾后从下至上第一果枝着生的节位。

1.3.2 株高

子叶节至主茎顶端的高度。

1.3.3 单株果枝数

棉株主茎果枝数量。

1.3.4 单株结铃数

棉株个体成铃数。横向看铃尖已出苞叶，直径在 2cm 以上的棉铃为大铃，包括吐絮铃和烂铃；比大铃小的棉铃及当日花为小铃，3 个小铃折算为 1 个大铃。

1.4 试验密度

1.4.1 设计密度

按株距和行距换算出每亩面积的株数。

1.4.2 实际密度

收第一次籽棉时，调查每小区实际株数，换算成每亩面积的株数。

1.4.3 缺株率

实际密度与设计密度的差数占设计密度的百分率。当实际密度高于设计密度时，百分率前用＋号表示，反之用－号表示。

1.5 抗病性田间调查

各区域试验承担单位于枯萎病和黄萎病发生高峰期在取样行各调查 1 次，采用 5 级法病情分组标准进行病情调查。病情分级标准如下：

1.5.1 枯萎病病情分级标准

0 级：外表无病状。

1 级：病株叶片 25％以下显病状，株型正常。

2 级：叶片 25％～50％显病状，株型微显矮化。

3 级：叶片 50％以上显病状，株型矮化。

4 级：病株凋萎死亡。

1.5.2 黄萎病病情分级标准

0 级:外表无病状。

1 级:病株叶片 25%以下显病状。

2 级:叶片 25%～50%显病状。

3 级:叶片 50%以上显病状,有少数叶片凋落。

4 级:叶片全枯或脱落,生产力很低。

病株率(%)=(发病总株数÷调查总株数)×100

病指(%)=[各级病株数分别乘以相应级数之和÷(调查总株数×最高级数)]×100。

2 考种

测定单铃重和籽指。

2.1 单铃重

吐絮盛期,每小区在取样行采摘中部果枝第一至二果节吐絮正常的 50 个铃,晒干称重,计算单铃重。

2.2 籽指

在测定单铃重的样品中,每品种随机取 100 粒棉籽称重,重复 2 次,取平均值。

3 小区产量

3.1 霜前籽棉

黄河流域棉区 10 月 25 日、长江流域棉区 10 月 31 日前所上籽棉(含僵瓣)为霜前籽棉。西北内陆棉区从开始收花至枯霜期后 5d 内采收的籽棉(含僵瓣)为霜前籽棉。

3.2 霜后籽棉

黄河流域棉区 10 月 26 日～11 月 10 日、长江流域棉区 11 月 1～20 日、西北内陆棉区枯霜期 5d 后实收籽棉为霜后籽棉,不摘青铃。

3.3 籽棉产量

霜前籽棉和霜后籽棉重量之和。

3.4 衣分

从拣出僵瓣后充分混匀的籽棉(霜前籽棉和霜后籽棉)中取1kg 轧出皮棉称重,计算衣分。重复 2 次,取平均值。

3.5 皮棉产量

籽棉产量与衣分的乘积。

3.6 僵瓣率

僵瓣重量占籽棉总重量的百分率。

3.7 霜前花率

霜前籽棉总重量占籽棉总重量的百分率。

主要参考文献

[1]张永军,等.转Bt基因棉花杀虫蛋白的时空表达及对棉铃虫的毒杀效果[J].植物保护学报.2001.28(1):1～6.

[2]崔金杰,等.转Bt基因棉对棉铃虫抗性的时空动态[J].棉花学报,1999,11(3):141～146.

[3]凌芝,陈建军.转基因抗虫棉风险性分析及应对策略[J].中国种业,2007.第8期:14～16.

[4]崔金杰,等.转Bt基因棉对棉田主要捕食性天敌捕食功能的影响[J].中国棉花,1997,24(2):19.

[5]张宝红,丰嵘.棉花的抗虫性与抗虫棉[M].北京:中国农业科学出版社,2000,3:16.

[6]刘谦,朱鑫泉.生物安全[M].北京:科学出版社,2001,72～86.

[7]陈松,黄骏骐,等.转Bt基因抗虫棉棉籽安全性评价——大鼠、鹌鹑毒性试验[J].江苏农业学报,1996,12(2):41～42.

[8]杨晓东,谢方灵.转基因棉花的安全性评价[J].中国棉花,1999,26(1):7～8.

[9]王仁祥.中国转基因抗虫棉的应用及发展对策[J].棉花学报,2003,15(3)2:180～184.

[10]谢德意.转基因抗虫棉研究进展、问题及对策[J].中国棉花,2001,28(2):6～8.

[11]郭香墨,刘海涛,张永山,等.我国转Bt基因棉育种技术与成就[J].中国棉花,1999,26(7):2～5.

[12]王仁祥,雷秉乾.农业转基因生物的应用与安全性争论[J].湖南农业大学学报(社会科学版),2002(313):26～29.

[13]谢道听,范云六,倪万潮,等.苏云金杆菌杀虫晶体蛋白导人棉花获得转基因棉株[J].中国科学(B),1991(4):367～373.

[14]郭三堆. *CryLA* 杀虫基因的人工合成[J]. 中国农业科学,1997,26(2):85～86.

[15]倪万潮,张震林,郭三堆,等. 转基因抗虫棉的培育[J]. 中国农业科学,1998. 31(2):8～13.

[16]樊龙江,周雪平. 转基因作物安全性争论与事实[M]. 北京:中国农业出版社,2001:17～22;26～30.

[17]杨晓东,谢方灵. 转基因棉花的安全性评价[J]. 中国棉花,1999,26(1):7～8.

[18]贾士荣,郭三堆,等. 转基因棉花[M]. 北京:科学出版社,2001:191～200.

[19]张天真,靖深蓉,金林,等. 杂种棉选育的理念与实践[M]. 北京:科学出版社,1998.

[20]贾士荣,郭三堆,安道昌. 转基因棉花[M]. 北京:科学出版社,2001.

[21]邹奎. 棉花生产百问百答[M]. 北京:中国农业出版社,2010.

[22]国家农作物品种审定委员会办公室. 中国转抗虫基因棉花品种(1997—2007)[M]. 北京:中国农业出版社,2008.

[23]潘家驹. 棉花育种学[M]. 北京:中国农业出版社,1998.

[24]毛树春,董金和. 优质棉花新品种及其栽培技术[M]. 北京:中国农业出版社,2003.

[25]郭香墨. 抗虫棉栽培管理技术[M]. 北京:金盾出版社,2004.

[26]陆宴辉,简桂良,李香菊,等. 棉花病虫草害防治技术问答[M]. 北京:金盾出版社,2011.

[27]季道藩. 棉花知识百科[M]. 北京:中国农业出版社,2001.

[28]万胜印. 红铃虫[M]. 江西:江西人民出版社,1982.

[29]曹赤阳,万长寿. 棉盲蝽的防治[M]. 上海:上海科学技术出版社,1983.

[30]金珠群,方建平,骆寿山. 中国所系列抗棉铃虫品种在浙江慈溪的表现[J]. 中国棉花,1996,23(3):15～16.

[31]金珠群,骆寿山. 抗虫棉不同生育期对棉铃虫抗性的表现[J]. 浙江农村技术师范专科学校学报,1998(1):22～23.

[32]金珠群,曹光弟,骆寿山,等. 抗虫杂交棉的抗虫性及其产量表现[J]. 浙江农业科学,1999(3):142～144.

[33]金珠群,邬飞波,黄一青,等.转基因抗虫棉品种新棉33B各代别抗虫性比较[J].浙江农业科学,2003(2):90～92.

[34]金珠群,陈仲华,黄一青,等.抗虫杂交棉慈抗杂3号若干生育与生理特性的杂种优势研究[J].棉花学报,2004(6):347～351.

[35]金珠群,许林英,黄一青,曹光弟,等.抗虫杂交棉慈抗杂3号种植密度和施氮量试验[J].2004(6):333～335.

[36]金珠群,曹光弟,黄一青,等.抗虫杂交棉慈抗杂3号高产田产量优势分析[J].江西棉花,2005(1):29～31.

[37]黄一青,曹光第,金珠群,等.慈抗杂3号[J].中国棉花,2006(3):18～19.

[38]Jing Dong,Feibo Wu,Zhuqun Jin & Yiqing Huang. Heterosis for yield and some physiolohical traits in hybrid cotton Cikangza 1[J]. EUPHYTICA,SEP2006,151(1):71～77.

[39]黄一青,金珠群,许林英,等.种植密度对慈抗杂3号生理与产量形成及纤维品质的影响[J].科技通报,2007(2):211～214.

[40]金珠群,黄一青,许林英,等.抗虫杂交棉组合的杂种优势比较研究[J].江西棉花,2007(4):16～18.

[41]许林英,周南镧,戎国增,等.不同植物生长调节剂浸种对棉苗生长的影响[J].江西棉花,2009(1):32～34.

[42]陈素娟,许林英,王显栋,等.抗虫杂交棉慈杂1号栽培技术试验[J].浙江农业科学,2011(5):1 080～1 081.

[43]金珠群,曹光第,许林英,等.浙东棉区慈杂1号的最适密度与氮肥用量研究[J].棉花科学,2012(3):38～41.

[44]金珠群,黄巧玲,史久浩,等.慈杂棉系列抗虫组合的丰产及优质性能鉴定[J].棉花科学,2012(2):37～41.

[45]金珠群,祝水金,曹光弟,等.4个慈杂棉组合在江西省棉花区试中的表现[J].棉花科学,2014(1):46～50.

80025 75540